한 권으로 끝내는
두뇌 피트니스

모두의 스도쿠

BH브레인연구소 지음

FIKA
LIFE

▦ 스도쿠란?

스도쿠는 숫자 퍼즐 게임의 한 종류로, 가로 9칸, 세로 9칸으로 이루어진 표에 1부터 9까지의 숫자를 채워 넣는 게임이다. 각 행, 각 열 그리고 3×3 작은 격자 안에 숫자가 중복되지 않도록 규칙을 지키면서 빈칸을 채워야 한다.

스도쿠는 18세기 스위스의 수학자 레온하르트 오일러 Leonhard Euler가 개발한 '라틴 방진 퍼즐 게임'으로 시작되었다. 그 후 시간이 흘러 1979년, 미국의 건축가인 하워드 가른스Howard Garns가 지금 우리가 알고 있는 스도쿠와 거의 동일한 형태의 퍼즐로 변형하여 만들었다. 당시에는 '넘버 플레이스Number Place'라는 이름으로 소개되었는데, 1984년에 일본으로 건너가면서 "숫자가 겹치지 않아야 한다"는 뜻인 '数独(스도쿠)'라는 이름으로 불리며 대중에게 보급되었다. 2005년 무렵 전 세계적으로 인기를 얻게 되었고, 지금까지 재미와 두뇌 발달을 동시에 할 수 있는 대표적인 퍼즐 게임이 되었다.

⊞ 스도쿠의 효과

영국의 한 수학자는 스도쿠를 "끊임없이 뇌에 자극을 주는 게임으로 어린이의 두뇌 발달에 도움을 주고, 뇌세포의 퇴화를 막고 치매를 예방할 수 있다"라고 했다. 또한 영국의 일간 신문 〈인디펜던트The Independent〉도 스도쿠가 알츠하이머의 진행 속도를 늦출 수 있다며 노년기에 접어든 이들뿐 아니라 남녀노소 누구나 해야 한다며 강력하게 추천했다.

이처럼 스도쿠는 전반적인 인지 능력 향상에 도움을 주는데, 특히 숫자와 위치를 계속 생각하면서 풀기 때문에 집중력, 기억력이 좋아지고, 복잡한 퍼즐을 풀면서 논리력, 사고력, 문제해결력 향상에도 효과적이다. 또한 문제를 풀 때 온전한 몰입을 하면서 일상에서 받은 불안과 스트레스를 해소할 수 있고, 단계별 문제를 하나씩 해결하면서 높은 성취감도 느낄 수 있다.

⊞ 스도쿠의 기본 규칙

스도쿠를 푸는 방법은 아주 간단하다. 스도쿠는 가로, 세
줄의 작은 사각형이 모여 하나의 큰 사각형으로 이루어져
있다. 작은 사각형은 난이도에 따라 6칸, 9칸, 10칸, 12칸,
16칸 등 다양하게 변형되어 있고, 숫자가 없는 빈칸에 규
칙에 맞춰 숫자를 채워 넣으면 된다.

4	5	2		8	7		3	6
	3							1
	6	1	4		2		8	
2		8	3			6	9	7
		6		2	4			3
1	9		8	7	6	4	5	2
	1	5		9	8		2	4
7		4				5	6	
3		9		4	5	1		8

(예: 3×3 9칸 스도쿠)

가로줄과 세로줄이 6칸이면 1~6,
9칸이면 1~9, 10칸이면 1~10,
12칸이면 1~12, 16칸이면 1~16까지의 숫자를
겹치지 않게 한 번씩만 넣는다.

작은 사각형에도
숫자가 겹치지 않게
한 번씩만 넣는다.

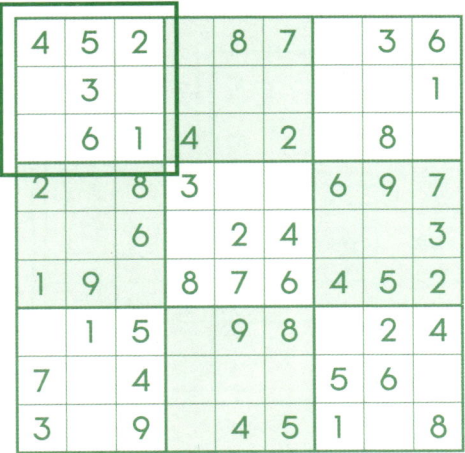

4	5	2		8	7		3	6
	3							1
	6	1	4		2		8	
2		8	3			6	9	7
		6		2	4			3
1	9		8	7	6	4	5	2
	1	5		9	8		2	4
7		4				5	6	
3		9		4	5	1		8

(예: 3×3 9칸 스도쿠)

이 책의 스도쿠 푸는 법

난이도에 따라 칸의 개수가 다를 뿐, 기본 규칙은 동일하다.

입문 6칸 스도쿠

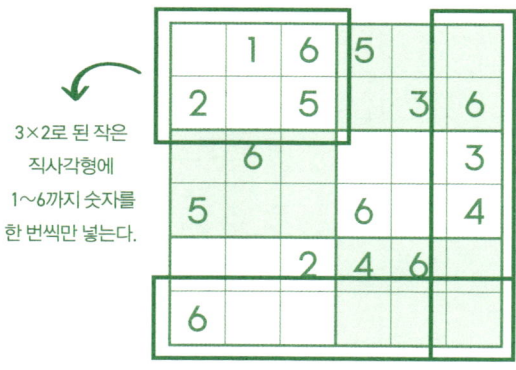

3×2로 된 작은 직사각형에 1~6까지 숫자를 한 번씩만 넣는다.

	1	6	5		
2		5		3	6
	6				3
5			6		4
		2	4	6	
6					

가로와 세로 모두 1~6까지 숫자를 한 번씩만 넣는다.

초급 중급 9칸 스도쿠

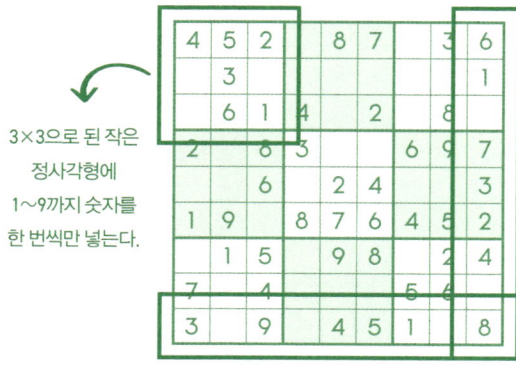

3×3으로 된 작은 정사각형에 1~9까지 숫자를 한 번씩만 넣는다.

4	5	2		8	7		3	6
	3							1
	6	1	4		2		8	
2		8	3			6	9	7
		6		2	4			3
1	9		8	7	6	4	5	2
	1	5		9	8		2	4
7		4				5	6	
3		9		4	5	1		8

가로와 세로 모두 1~9까지 숫자를 한 번씩만 넣는다.

고급 9칸+대각선 스도쿠

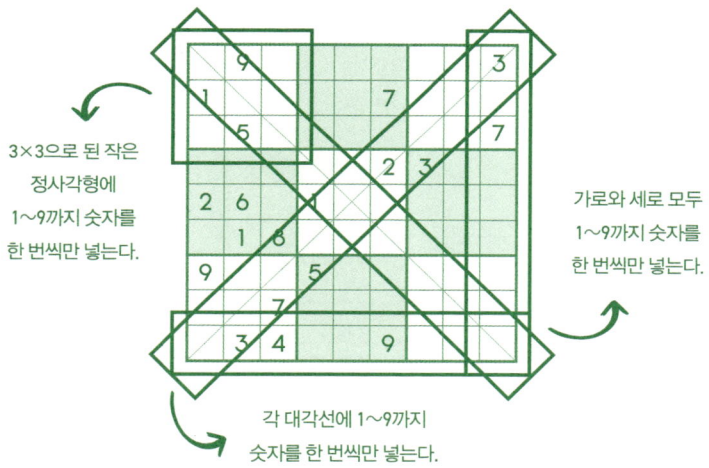

3×3으로 된 작은
정사각형에
1~9까지 숫자를
한 번씩만 넣는다.

가로와 세로 모두
1~9까지 숫자를
한 번씩만 넣는다.

각 대각선에 1~9까지
숫자를 한 번씩만 넣는다.

특급 10칸 스도쿠

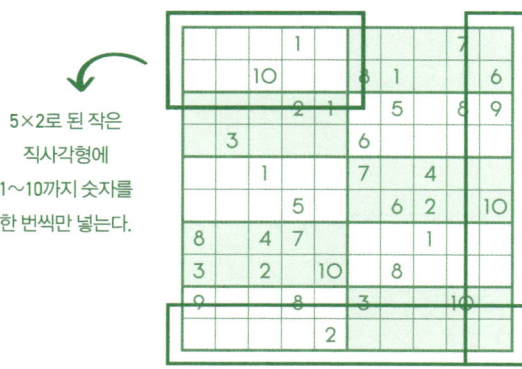

5×2로 된 작은
직사각형에
1~10까지 숫자를
한 번씩만 넣는다.

가로와 세로 모두
1~10까지 숫자를
한 번씩만 넣는다.

특급 12칸 스도쿠

4×3으로 된 작은
직사각형에
1~12까지 숫자를
한 번씩만 넣는다.

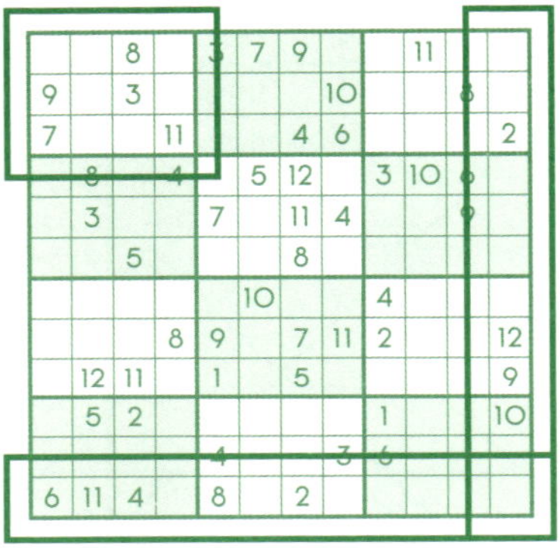

가로와 세로 모두
1~12까지 숫자를
한 번씩만 넣는다.

특급 16칸 스도쿠

4×4로 된 작은
정사각형에
1~16까지 숫자를
한 번씩만 넣는다.

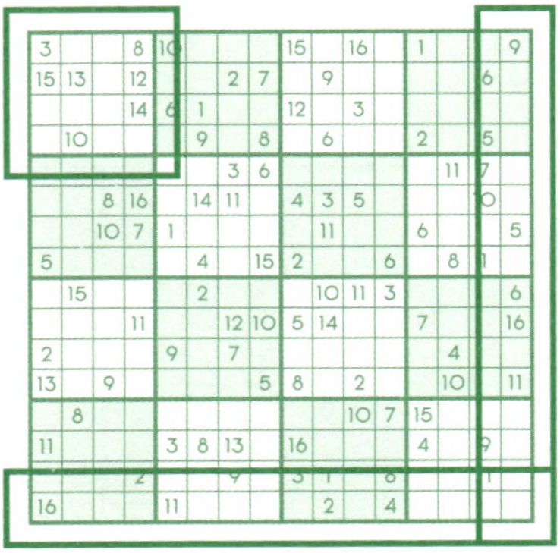

가로와 세로 모두
1~16까지 숫자를
한 번씩만 넣는다.

		2	3
		5	4
3			6
	5	3	1
			2
		1	5

입문

001-030

001

		4		3	
				6	1
		3	2	1	5
	5	1	3	4	6
				2	3
			6		

002

2		3	1		
4	6			3	2
1				6	
5			4	1	
3					
	4	2		5	1

003

	1	6	5		
2		5		3	6
	6				3
5			6		4
		2	4	6	
6					

004

			3		1
2			5		6
	4	3	1	6	
6		2	4		
		6	2		4
1				3	

005

4					2
3	2	5	6		
	4	1		3	6
6		3	2	1	4
			1		
				6	5

006

	2		3		
6				5	4
	3	1			
5	6			2	
3	5	2		6	
	4	6	5		

007

4	5	6			2
	1		6		
		5		4	
	3			1	
	4		3	2	
5			4		1

008

				2	3
6				5	4
		3			6
2			5	3	1
3	5				2
				1	5

009

2			4		
4		3	1	5	2
	5				1
	3	2			
3			2		
5			6		4

010

			4	1	
5	1	4	2		
	4	1			6
2			1		4
4		2	6		
	5		3		

011

6	3	2	5	4	
	4		3	2	
	2			1	
3	6	1			
		3		6	
2					5

012

	3		4		
		5	6		3
			1		
	1		3		5
	6	4		3	1
		1		4	6

013

			4	2	
	4	1	3		5
		6		4	2
			1	3	
5				1	3
		3	6		

014

5	3		2		4
			3		
4				3	2
		2		6	
	5			2	3
6		3			1

015

				3	
	5	6		1	
		4			
		1		4	
	4		3		
			6		

016

			3	5	4
5					
	6		2		
	3		5	1	
		6	4		

017

		4	1		2
			6		
1	3				
				6	
	4				
			2	1	

018

		2			
4	1				
			1		5
	2				3
	5			3	6
	3			1	

019

	3	4	6	1	
3		1			
	4				3
		3			
	1		4		5

020

			6		
		2			5
		4	1		2
	1				
			5	4	1
1					3

021

6	1				
		2	5		1
4	3				
			3		
		4			
5	6		4		

022

	3			4	6
	2				5
1			4		
2					4
	5	6			1

023

1				6	
		2		5	
6		3			
			4	2	
	4		3		

024

					5
		5	1	3	
			6		
	5		3		2
		4			1
			4	2	

025

			1		3
		4			5
		5	2		
	6				
		1			
4	3				

026

		2			
				4	3
		6		5	
	3				
	5				2
1					6

027

	5	2			3
5					
			4	6	
			3		
		1			2

028

	3				
		5	6		2
4			1		
	5				
			5		
				4	

029

			3		
4	3				
5					4
3			2		1
		2			
			1		

030

4	1				
				2	1
1	5		4		
	6				4
	4				3

1	3	2	6	
5	2			9
6	4	1	5	8
4	7			2
8	5	9	4	6
2				
	8		2	
7		3	9	
		7	8	5

초급

031-160

031

8	2	9		3		7	4	
7	1	5		8	6	9		
4	6	3	2		9			5
	4		3	5	7			2
9	5		6			3		
					4	8	5	
2	9	1		4	3		6	8
3	8	4		6	5	2		9
5		6	8	9	2	4		1

032

3	2		8	9	5	6	1	
	8	1	7				9	3
5	9	6		1	4		8	7
2	3			6	8		7	9
6		8				3		5
7	4		2	5	3	1		8
				3	9			6
8		4		7	2	9	3	1
9		3	4	8			5	

033

4		2		1		8		9
		5	2	3	8		6	4
1		8		9	7	3		
3	8			5	6		4	2
6	4			2	9	5		1
	5		7	4		6		8
8	1	3	9	7	2	4		
9		4		6	1			3
5	2			8	4		1	7

034

	7		8		1			2
3			7	2	6	9	1	8
2	1	8		3	9	4	7	6
7	3				4		8	9
5	9	6						3
	8	4	9	7		2	6	5
4		7		9	5	8		
	5			1			2	7
	2		3	6	7	5	9	4

035

	7	6	8		1	9	3	2
8	2		9		7			1
	5		3	4	2			
5	8	9			6			3
2	3	4	5				7	8
			4	8		2		9
3	4	2	7	9			8	6
7	6	5	1	2	8	3	9	4
1		8				7	2	

036

4	1		2	3	9	6		5
9	6	2	8	5	4	3	1	7
5			6	1		9		2
			7	6				4
	5	1			8			9
	4	6			5	8	7	3
		9		8	3	5	2	
1	3	4	5	2	6			
		5		7	1	4	3	6

037

5	1	8	7		6			
		4		5	3	1		8
		7	8			6	4	5
2		5	6	1	4		9	
	4	6		8	7	5	2	1
8	3	1	2	9		7	6	
4			5		8		1	2
		3	4	6	2	9		7
	5	2		3	9	4		

초급

038

	2	8	7				9	5
	1	7	4	2			6	8
6		3	8	1	9		4	2
		9				6	5	4
5	6	2			7	8		3
8			6	5		9	2	7
2	8		3		4		7	1
	9		2	7	8	4		6
7	3	4	5					9

039

5	2	1			8	7	3	4
6	8	4		3	7	1		9
7		3		4	1	6	2	8
	3		7	8			1	5
9			6	1	4	3		7
8	1		3		9		4	
		8	1	7		5	9	
1	7	5		9		4		2
	6			2	5			

040

5							4	8
9		8	5	4	2	7	6	3
6	3	4	8			9	2	
	4		7	9	5	6	8	2
7	5		1	8		3	9	4
	6		3	2	4	5		7
4		3		1	7		5	9
		5		3		4	7	6
	7			5		8		

041

5	9	6		7	4	3	2	1
4			3	5	1	6	9	7
7		3	6			8	4	
	4					2	5	6
2	5	7	4		6		3	9
		9	5			7	8	4
3		5	1		7		6	8
	6	4		3		5	7	
9		8		6	5			3

042

4			9	1	3	2	6	
6	1			5	2			9
9	3	2	7	6	4	1	5	8
			3	4	7			2
2	7	3		8	5	9	4	6
1		4		2				
7	9		5		8		2	
5	2	8	4	7		3	9	
			2			7	8	5

043

5		8	6		7			3
3	9	6			8	2	4	
2		1	4	3		6	5	
	6		2			3	8	1
8		3		6		5	2	
9	5				1		6	4
6	8			7	3	4	1	
	3	9	5	4	2	8		
4	2	7	8	1		9	3	

044

				1		4		6
6	7			3		2		1
		2	9	6	7	3	8	5
2	4				9	7	5	3
5	3		2			1		8
7	8	1	5	4	3		6	
		5		2	4			
	9	7	3	5	1	6	2	4
3	2	4	6	9			1	7

045

		6	9	2	8			
8	9	7	3	4	1		2	6
	2	4	6	7	5	9		1
1		8			6	2	3	7
4			1	3	2	8	6	5
		3			7	1		
9		1	7	6	4			
6			2				4	
7	4	2	5	8	3	6	1	

046

	1	4		8		3		7
3			1	9	4		2	8
8		6	5	7	3		4	1
	3	8		4	9	5	1	
1		5		2	6		7	3
	4	2					6	
		3	2		8			5
	6	1			7	2	8	4
2	8	9	4	5	1		3	6

047

8	3			4	5	6	7	
9	7	1		6	8	4	5	
6	4			7	2			
		9	8	3		5	2	4
4		8	5	1	7	3		6
3	5	6	2		4	8	1	7
2	9		6	8		7		5
	8		7		3	2		9
	6			2			3	

048

			7		4	5		3
5	2		3		1	7	8	9
	7	3			8	4	6	2
6	8	7		4		9	5	1
			1	8	5	6		
3	5		6		9	2	4	
4			8	1	7	3	2	
	3	5	4	9		1	7	6
		2	5		6		9	

049

	5	6		1	3	2	9	
9	8	2		4			3	
					2	6	5	4
7	2	9		6		5	4	
5	6	3		7	9	8	1	2
8	4	1	3	2		7		9
6	1	8	2				7	
	9	5		8	7	4		
2		4	9	5		3		

초급

050

		1		8	4	7		5
	4	3	6	2	7		1	
6				9		2	3	
8	3	4		7			2	6
2	1			6	5	4		
7	5	6	4	3	2	1		9
4	6		9		8		5	
1	9			5	3	6	4	
3		5			6	8	9	1

051

1		3		7	8		6	
8			6	5	3	1		2
		2	9			8	5	3
		6	4	1	7		2	5
	3					4	9	
5		4	3	6			8	
2	9	8	5		4	6	1	7
4		5			6	2	3	8
3		7	1		2	5	4	9

052

			8	7	6			1
7		6				3	9	5
4	2	1	3		9	8	7	6
	3	7			8	5	2	4
2	6	8		4			3	
		5			2		6	8
	1	9	4	8	3			2
	7		6	9	5	4	1	3
3	5			2		6	8	9

053

2		1	8		5	6	7	4
4		8		9	1	5	3	2
7	3	5	2	4	6		1	
6	2				8			
		3		7		2	8	6
		4			2	1		7
3		2	4	5		8		1
1	5			8	7	4	2	3
8				2	3		5	9

054

2	4	5	7		6		8	3
	1	6			3	5		
7	3	9				1	6	4
	5	8	1	4		2	3	6
3	2			5	9	4	1	8
	6	4			8	7		5
5	7			8	4	6	2	1
4	9				2		5	
6	8	2			1		4	

055

8			9		1	2		3
9				3	8	4		6
4		2				9	1	
	4	8	3		2		9	1
1	7		4	8	9	3	6	
2	9	3	1	6	5		8	
5	1		8	9	3		2	
3		9	6				4	5
7	8			2	4	1		9

056

2			3	6	1		7	9
7	9	5	4		2			
1	6	3	5		9		4	2
	4		6	1	5			7
3		1				4		
5	2	6		4	3	9	8	1
4					6	2	9	8
	1	9			4	7	3	
8	5	2	9	3	7	1		4

057

2		3		1		4		
	1	9	8	4	3	2		7
	4	5		6			3	8
		8		2	4	7		
4		6		3		5	8	9
	9	7	5	8			2	4
9		2	6	5	1		4	3
8		4	3	7		9	1	
3	5	1			8	6		2

058

			8	3	6	9	5	
9	3			5		2	1	6
	6	7			1	3	4	8
	4	5						
7	2	1	4	8		6	3	
	8		3	2	5	4	7	
1	7			4	3		8	2
8		3	5	1		7	6	4
	5	2	6	7	8	1		

059

				2	8	3		
2	9	3			6	1		
8	5		1	4		6	9	2
		5	8	3	4		2	1
	3	2		9	1		7	8
9			2	7	5			6
1	2	9				8	4	3
	4	8			2	7	6	9
3			4	8	9	2	1	5

060

8	5		4	1		9	6	3
4	9	3	7	8	6	5	1	
2	6	1		5	3	7	8	
9					5	6		
7	1	2			4	8		5
5				7	8	1	2	9
3			2	6	7	4		
6				3			9	8
	2	5		4	9		7	6

061

	1	6	7	3		5	2	9
7		3		5	2			4
5	2	8	9		4	6	3	
3	7	9	8	6	5	1	4	
2						9	5	6
6	5	4		2	9	7	8	
9		5		4		2	7	8
8	3		5	9	7			
1				8				

062

4	5	2	9	8		6	1	
		1	5	4		7	9	8
		9	1	3	6			4
8		5	4	1		3		2
9	3	6	8		5	4		1
			6	7	3		8	5
5		7	3		1	8		
6	9		2	5	4		3	7
2				6	8	5		

063

7		4	6	5		1		
			2		8	3	7	4
8	1	2		4	3	5	6	9
	5		8	7	4	2		
	7	3		2		6		8
1				6		4		7
	6	1		9		8	2	
2	8		5	3			4	1
5	4	9	1	8	2	7	3	

064

9	8	1	7	5			4	6
		2	4	9		1	3	
3		5	6	2		9	8	7
	2					3		4
5	9		8		4	6	2	
4	6	7	1	3				8
8	3	4		1	6	7	5	9
7	1	9		8			6	2
2							1	3

065

9	8		7		4	5	6	1
	7		9		5		3	8
				2	8		7	4
	5	1			6	4		
3	6	9	8	4	2		5	7
2		8	1		7		9	
4	2	6	5	7	3	8	1	9
8	9	5		6				3
1						6	2	5

초급

066

6	7		9	1	3		4	5
1	2			4		7		
3	4	9	2		5	8	6	
7	9	3			4	6	5	
4	5		3	8			7	
8		2	7	5			1	4
2	3	4		6	1	5		7
		6		9		1	2	3
	1	7				4		6

067

4			8		7	6		2
		5	3	2	9	4		8
2		3	6	1	4		9	
5	4	2	1	9		7		
3	6			8	5		4	1
9			4	7	6	2		3
				4	2	8	7	5
	5	9	7		1			
7		4	5	3		1	6	9

068

1	7	8		2		9	3	
9	5	6	8		4		1	2
		2	7		1	5		
6	3		9		8		2	7
7	9		6	1	2	3	8	
2		1	3		7		4	
8	1	3		7	9			
5	2		4		3	8	9	1
4		9	1		5		7	3

069

6		9	3			2	5	1
		5	9	8				7
3	7	4	1	2	5		6	8
5						8		
4	6	7	8		9	5		2
9	3	8	5			7		
8	9	1	7		4	6		
	5	6		9	1	4		3
2	4		6	5		1	7	9

070

4		2		3	7		1	9
6	3	9	1		8	7	5	4
		1	6		9	3	8	2
7			9			1	6	8
	5	8	4	7			2	
3	9	6			1	4	7	5
		5	7				3	6
	6	3			5		4	7
8	4	7	3				9	

초급

071

8		2	7	5	4			6
		7	2			4	8	5
4	5	6	1	8	3	9		2
3	6	8						
2	7	5	8	6		1		
9	1	4	3	2	7	5	6	8
	4	9	6		2	8		1
7			4	1	8	6		
6	8	1					2	

072

	4	1	9		6	7	5	3
5	6	3	7		1		4	
9			4	5		1	8	6
	1	9		4	2	6	3	8
	5		1			4		9
2		4				5		
6		7	8	1	4		9	5
			6		5	2	1	7
1	9		2	3	7		6	4

초급

073

7		5	2	9		4		6
	2			6			7	3
4	3	6	5	7	8	1	2	
	9		8		7	2		5
2	5	1		3		7		
6	8	7	4	2	5		3	1
1	6			4	9			7
8	4			5				2
5	7		6	8		3	1	4

074

4		8	3		1	5		2
			6	8				3
6	2	3	4	9		8		7
	5		2	1	8		7	9
7				3	4	1	2	8
8	1	2		6			5	4
	3	7	1	4	6	2	8	
		1	8	2				6
2		6		5	3		9	1

075

		8	1	4	6		9	2
	1	7	3			5		
4	2	9	7	8	5	1	3	
			8	7	3		5	4
3		6	2		4			1
7	8				1	9	2	
	6	1	4	3	7		8	5
8		3	5	1		4	6	9
2			9	6				7

076

9	2	6		5	7			3
8		7	3		9	1	6	
1	5	3	8	6	4		9	
4		8	2			5	7	1
	6	9			3			8
	1	2			5		3	6
6	8		9		2	3		7
2	7		5	3		6	8	9
					8	2	1	4

077

	3	9	1	4	6		5	8
4	6		8		3	7	9	1
8	5		9			3		6
5		6	7	2				3
3	1	4	5		9		2	
2		8	3	1		9	6	5
	4	5	2					9
9	2	3	6	8				
6	8				5		3	2

초급

078

		4	2	5	6	8	1	
8	5	6	4	3		7	2	9
		2		7		4	5	6
9					4	1		2
6		1	3			5	8	
3	2	5	1	8	7	9	6	4
			8		3		7	
	6	8		9		3		
4		3	6	1		2	9	8

079

		3	2	6	7		9	8
6	7		9	3	5	1		2
5	2	9	8	4	1	7	3	
	4		5	1			6	
8	6		7	9	2			3
		7		8		9		1
1	9	6	3	5	8	2	7	
				7				5
7	8			2	6	3		9

080

2	9	1	5	4	7	6		8
4	8	5	6	3	9		1	
		3	8	1	2			5
	6		3	7			9	4
5		9	2	6	4	8		3
3	4			8	1	5	6	
			1	2		3		
9	3	6			8	7	2	1
	2		7					6

081

9		3	5	2	7		1	
4	7	2	8	1	6	9	5	3
			3	4		8		7
3		7	9	8		2	4	1
				7	3			
	2			6	4		7	9
6	3	1	4	5	8	7	9	2
7	5			9			3	4
	4				1	5		8

082

4	2	8		5		6	7	3
			7	8	3	2	4	9
3	7	9			4		8	
6			4	1		7	5	
8	5	2		3		9	1	4
1		7	5	9	2	8		6
7	3					4	6	8
9		4		7	1		2	
2	8		3		6			

083

9		6	8	3	1		4	2
		4			9			
		1	5	7		3	9	6
7	5	2		6		9	1	
6	1	8	4	9	5	2		
4	9	3	7		2	8	6	
2			9			1		
3	4	5					2	9
1	8	9	2	5	6	4		3

084

5	3	4	7	8		2	1	
	1	8			6	5	9	4
6			4		1	3	7	
1	7		8	3	2	4		
4		9	6	1	7	8	2	
			5	9	4	1		
8	6	7	1	4	5			
	2	5		6	8	7		
9	4		2			6		5

6	4		7		5	9	3	
5		3				7	4	
9	8	7					1	5
1		9	4	7		8	5	
		8			6		7	9
	7	6	8	5	9			
7	9	4	2		1			3
			9	4	3	1	6	7
3	6	1	5	8	7	2	9	4

086

		2	4		9		8	6
7				1	2	3		9
3	9	4	8		6			1
6	2	3	1	9	5			4
9	1		7	4		2	6	
4			2	6	3	9	1	5
	4			5		6	9	
5		7	9	8		4	3	
8		9		2	4		5	

087

4	3		7	9	5			
9	1				4	5		6
5	7	2			1	3	4	
	4		5			6	1	2
2		1	4	7	3		5	8
8		9	6	1		7		
	2	5	9		6	4	8	
6	8	3					9	5
7			2	5	8	1	6	3

088

2	4	1	5	3	7	6	9	
	9		1	2	8	5		
8			6	9			1	
5		7		6	2	1		9
3	6		4	1		8		5
4	1	9		7	5	2	6	3
	5	3	9	8	6	4	2	
		8	2		3	9	5	
						3		6

초급

		3	6			1	7	5
		4	1	7	8	9		2
2	7	1	3	9	5	8	4	
4	1	6	7	3			5	8
5	9			1		3	6	7
		7	5	8				
	4	2	8		1		9	
1			2		3		8	4
8			9	4		6	2	1

6	9			2		4	5	7
	4		5			3	9	8
3		5	8		9		1	6
9	2	1	4		8	6		5
	5	3	9	1		7	4	2
4		7	3		2		8	
7	8				1	5	6	4
5		6				8	2	1
				8	5	9	7	

091

	5	3			1		7	
6	7	8			3	1	2	
	1		8		4		3	5
8			2	6	5	3	4	7
		7		1	8	2	6	9
3	6	2	4	9	7	8	5	1
1	8	4	5	3	6		9	
	2			4	9	5	8	
		5						6

092

8			5		3	2		
5	6	9		4	2			
2	3	7	8	1	6		5	4
4	1				5	6	7	8
9		8	1	6		3		2
7				3	8		9	
3			6	8	1	7	2	5
	8	5		7	9	4	3	
	7		3	5	4	1		

093

1	5	6	4			3	9	8
4			3			1	5	7
7	3	9	5	1		4		6
5					3		6	1
	1	3	6	5	7		8	4
		8	1	4		7		5
3	4		9			8		2
6	2	1	8	3	4			9
8		5		2			4	

초급

094

		1	3		8	6		7
8		6	1	7	2	4		9
		9	6	4			3	1
	7	3		5		1		
	9	5	2	1			8	3
1	8	4		6	3	2		5
3		7				5	4	8
9	5	2	4	8	1	3		
		8		3	7	9	1	

095

2	4	7		8	6		5	3
6	9		3	5	7		8	
5	8	3			2	1		
	1		8		3		2	5
	3			2			4	1
7		2			1	3	9	8
9	2	8	6		4	5	1	
3	7		2	1		8		9
1	5					2	3	4

096

				2	5			8
2	8	6		7	9	5	4	
4	7	5		8	3		2	9
		7	3	9			1	4
1			8		7		9	6
8		9	2	4		3		7
7	5			6	8	4	3	
6	4			1	2	9	8	
		8	5	3	4	6	7	

초급

097

		2	9		8	3	4	7
			5		7		1	2
		6	4	2		9	5	
4		1		5	9	8	6	
7				4		1	2	5
5	6	3	1	8	2		9	4
6	3	7		1				
9	8		6		5	2	3	
	1	5	8	9		4	7	6

098

5	2	9		6	3		8	
3	6	1		7	8	4		5
4	7		1	2		6	3	
9			2			8	6	7
7	8	4	3	1	6		5	2
6		2	8		7		4	3
2	3						9	4
8	4	5		3				6
1		6		4	2		7	

099

9	7	6	4	3		8	5	2
	1	3	5	2	8	6	9	
2	5				9		4	3
3	9	1	2	4	7	5	6	
8		2	1			9		4
5		7		9	6	3		1
	3		9		2			6
1	2	4	6	8				9
			3		4	2		

100

	7			9	4	5	3	8
5	8	4	3			9		1
9		3	8	5		4	6	2
		8	2	1	9	3	5	6
			6	4		7	8	9
3		9				2	1	
	3		5	2			9	7
1		7	4			6	2	5
8	2	5		7	6			3

101

6		4					8	7
	2	8	1		4	9	5	
	5	3		9	8		6	2
		2	9	5		3		4
4	3	1		7			9	5
9				4	3		1	8
2	4		6	8		5		1
5		7		2			4	
		6			5	7	2	9

102

			5		2			9
4		2	9		8	1		
6	5		1	3		7		2
	6			2	5			
5	1	3		9		8		6
2		4	6		1	5		7
9		6	8		3			1
7	8	1	2	4	9	3		5
	4		7	1		2	9	

103

7	1		5	2				9
	3	9	4		8	1	5	
4		5	1	9				
3				8	9	2		4
9	6			1	4	5		
8	2		3		6	9		1
1	4	2		3			9	8
5	7				2			6
	9		8	7	1	4		5

104

8	6		1	3	2		5	9
	4	3		5	6	2	8	
			8	4		3	1	
2		1	6				9	8
		9			8	7		2
6		8	2	9	5	1	4	3
3	8	6		2			7	
5		2			9	8		
7		4		8	3		2	

105

1	5			7		6		4
3		6	8			1	2	9
	4	8	9		6		3	7
6	2	4		8		3	7	1
			4	2			5	
		5	7		3	8	4	
4		2	6			7	1	5
5	3			9	7			8
8			1	5		2	9	

106

		6	1	5	2	7		3
	1	5	9			2	4	6
	8		7	4	6	1		
8	5				9		3	
9	3	7		2	4	6		5
1		4	3	7	5	9		
3				9	7			2
	7			6		3		
6	2		4	3	8	5	7	1

107

7	4	2		3		9		
			4		8		2	1
5	1		9	2		4	3	6
	3	7	8		9	5	6	4
4			2	6	3			
8	6						1	3
9	2	4	6			3		8
		5		9	4	6	7	2
	7	3	5		2			9

108

5	7	9	3	8			4	2
1	4	3				9	8	
6		2	4			7	3	
4			6	7	3	2		9
	9		1		2	6	5	8
	1	6	5			4		
9	3		8		1	5		7
		1	9	3		8	6	4
8		5			4			

109

5		2		7	3			4
3				2		7	8	9
1		9	6	4		3		
2	5		7		4	9		6
9		4		8	6			7
	3	7	2		9		1	8
		3	4			6	7	
	6	1	8	3	7	5		2
	9	5		6		8		

110

4	5	2		8	7		3	6
	3							1
	6	1	4		2		8	
2		8	3			6	9	7
		6		2	4			3
1	9		8	7	6	4	5	2
	1	5		9	8		2	4
7		4				5	6	
3		9		4	5	1		8

111

7		4		6	8	2	3	
5	3	2	4		7		6	
8	6		5	3		1	4	7
	4	3	1	7			2	6
6		7		4	9	3	5	
1		5	3	2			9	
2			7	8		4		9
	9						7	
3	7	1		9	4	5		

112

9		3		7		6		1
4	6	7				8	3	2
		5			2	7	4	
3			4	9		1	6	8
	1		2	6	3	4		
	4	9	1			3		7
	7	6	3	2	5	9	1	
2	9		7		6		8	
	3		9		1	2	7	

113

6	3		4					8
2		5	1	7	8		3	6
4				3		7	2	5
7	2		9	5	6			4
	5		3		7		6	
		9	2	8	4		5	
5	4	3	7	6			9	1
9	8			4	1	6		
	7	6	8			5	4	

114

5	7		3		8	9		4
8	3					2	5	
2	1	4	6					
3		1				4		
9	6	8	2	4		3		5
4	5	7	8				6	2
	9		4	8	6		2	1
1		2		5	3	6		9
6	4		9	1		8	3	7

115

4	5	3		2	7	6		1
			6	5		3		4
2		8	4		3			7
	1	9	3	8		5	7	2
8					5			
5		2	1	6	9	4		8
1					6		9	
9	8	5	7		1	2	4	
3	4			9		7		5

116

1				4	2	5		8
	2	8		5			1	
7	9		8	6	1		2	4
	5	4		3	7	9	8	
9	3	1	5	8		6		
	8		6		9	4	3	
	4	2	3	7			6	9
				9	5		4	3
	1			2	6	8	5	

117

5		6	7				4	
	8	3	1		4		5	6
	4	1		5	9		3	2
		8	9	6		4	2	7
4	6			7		1		
2	9		4		1	5	6	
3	1		8	4		2	7	5
	7		5		3	6	1	
6			2	1	7	3		

118

	1			3		9	8	4
	3	4	7	8	9	6	2	1
	9		2		1	7		5
3	7		1	9		4	6	
	2	6	3		8	1	7	9
1	8			6	7		5	
	5	1	9	7		2	4	
			8	2		5	1	
2				1				6

119

	6			8	4	9	5	2
5		2	6		3	1		
1		4	5		2	3		7
4		3		6		2	1	5
	5	6		4		8	7	
9	1		2		7			
		1	4			5		
	4	9	8	3		7	2	1
	2				6	4	9	

120

		9	3	5	8	4	7	2
	3		6	2		5	8	1
2		5	1	4				
	9		7		6	8		5
	5			3	4	9	1	7
1			9					4
5			8	9	1	3	2	6
3	6	8			2	1		
9			4	6	3		5	

121

8				4	9	7		
1			7			8	3	5
6	7		1			2	4	9
3		6	2			5	8	4
	9		4		3	6		2
	2		8	5	6	9	1	3
	5	4		2	1	3		8
2		3		7		1		6
9	6		3					7

122

6	4	9	2		1		3	5
1				9	4	7	2	6
5			8	3	6			4
9	3	7	4				5	8
4	5		6	8	7	3	9	
2		8	9	5		4	7	1
					8			3
8	1	4			9		6	
	2	6		4				

123

	5		2			6	7	
7			5		1	2	4	3
4	2	1	6	7				8
	8	4	1		7	9		2
6	1	2		5		7		
5			3	2		1		
2	6		7		5	4	1	
	3	7		9	2		6	5
			8	1		3	2	

124

		3	5		2	4	8	7
		6	8		9		3	
5		7	1		3	9		2
8		4	3		6	7	9	5
7	6				8	2		3
	3		2	5		6	4	8
4	1	9		3				
	7		9			3	5	4
3				8	4			9

125

1			7	2				3
	2	3	1		9		6	
	7	5	4	6		9	1	2
	3	8	9			1		6
6					8			7
	5	9	2		6	3	8	
9		7	5			6		8
3	8	2	6		4	5	7	
	6		8	7		4		

126

	7	9	3			5		6
3	6		5		4		2	
4		5	7		8	9		3
			9		6		7	1
	3		8	1		2	5	4
7	1	8		4			3	9
5	9	7			3	4		
6		3	4	7				5
		2		5	9	3	8	

127

7	2		1	8	5	6		
		1	6		7		8	2
	8	3		9		7	5	1
2	7	6	3	4	8		9	
		5	9			3		6
3		9		1	6	2		
4	3		8	6		5		7
9			4			8		
1	6		7	5		9	2	

128

6					9	8	2	
		1				3	5	9
4		2	3		8	7	1	
9	6	4		7	1	2		5
	2		6	9		1		7
	3				5		9	8
		9	1	4	6		8	
5		8		3	7			2
3		6	5	8		9	7	1

5	9	8		4				
				3	8	4	5	1
4		3		7		9		
1	8		4	9		6		
7	6		3				4	
	4		8		2	7	1	9
6	2	4	7	1	9	5		
		1		8	3		7	4
8	3	7	5		4	1		6

130

3	4		7	6		9	2	5
8		2	3	9	1			6
	7	9		5		3	1	8
	3	7	9	4	6	2	8	1
9			1	8		6	5	
1			5	3	2			
2	1		4	7	5	8		9
4						1		7
				1	9	5		

131

9		8	4	3	6		7	5
	3		2	8	9	6		4
4			1		7			
3			7	1		4		2
1	4		6	2	3	7		
7	6	2	9		8			3
	9	1		7	4		2	6
6	7		5			8		
2	5		8	6		3		

132

	1		9	2		7	5	4
5	7		3	1	4		6	
	4			7		3		1
		6			1		8	9
	8	5	7		2			3
3				6			2	7
			6	4	9	2		5
9		1			3	4	7	
	5	2	1		7	9		6

133

	1	4	9	2		3		6
5		3	1	6		7	2	
		7	3		8	4	9	
4		6	7	8				9
	3		5	1		8		4
	7					5	6	
3	8	9		7			4	
		5	8			6	3	7
7	6		4	3	2	9		5

134

3	9		7			4	8	5
		7	3		4	9	1	
	4		9	8	1	2	7	
	3	2				8	4	
4		8		1				9
	1	5	8		9	7		
8	2		5			1		7
7		9	1	2	8		5	
	5	3		9		6		8

135

9		5		7	1	3	2	
4	1	7					9	
3		2	6	4		1		5
5			7	9		6	1	
		1	5			7		9
			3				4	2
1	5	3		2	7	9		8
7		6		8	5			1
	9	4		3	6	2		

136

		6	4			8	2	
9		8			6		5	1
	4	2	5		9	3		
6	2		3	5			1	8
4	8	1		9	7	6		
	5	9	1	6				4
	1	3			5	7		6
7			9	1		5		2
8			6		2	1		

137

4	7		8		5	9		2
8			1		4		6	
	6					8	5	
			5	1	3		2	6
2		1	4	7		5		8
	4		2		9	7		1
3	1		9	4	8	6		
6	5	4		3		2		9
9		7		5		1		

초급

138

1	5	2				6		
	4		5		9	2	1	8
9		8	7	1			4	
4	7		2			3	8	1
			1	7	4		2	6
2		6	9	8	3	4		5
6		1	4	2		7	3	
7	9		6	3		8	5	2
						1		4

139

	1	5		3			6	9
7		8	5			1	3	2
6	3		2		8			4
5		7	8	4	6		1	
4	9	3		7		6		8
8		1	3			4	5	7
	7		9		4		8	5
9	5		6	8				
		4					9	6

140

8	9		7	5	4		3	1
1		3	9		6	7		
		7		1	3	5	9	
5		9	1	4			6	3
4			3	6	7	2		9
3	2			9		1		4
	3	1	4		5	9		
		5		3			1	
		4	8			3		5

141

	4		6	9		8		
1	9	2	3		7	5		
		7		5			9	2
7		6	1		9	4		5
5			2			7	3	9
						2	1	
6			5	7	4	9	2	
2	5		9	1	3	6	4	
4	7		8	2		1	5	3

142

	4		9		3	8		7
	7	5		1		9	4	6
		9	5				2	1
7	5		3	9	1	2		4
2		3	4		6	7		9
	1	4		7	8			3
4	2	7				1		8
5			7	8		6		
			1				7	5

143

			3	2	1		9	7
7		9	8		6			4
5	1	2		4		8		
		3	4	7		9	6	8
	9					2	1	
	8			9	5		7	3
3	2	5				6		9
	7	8		6		3	5	
6	4		5		9		8	2

144

		5	8	3		2		
2			5		1	9		8
3	8		2		7	5		
9	7	3					1	
4		2	1		3	7	8	
	6	8	4		5	3		2
5			9	1	6	8		
7	2	6		5			4	
	9	1		2		6	5	3

145

4		7	9		8		2	6
8		1		4				
			5	1	2	4		8
1	8	9	3				6	5
2		3	8		1		4	
	7	4		6	9		3	1
			4	8	6			2
	4	8	1		3			
3	1		7	9	5		8	4

146

5	1		4	6	2	8		9
		8	3					1
7		2	8	9		3		
3	2	4		7	6	1		8
	9	1			8			
8			1					6
	3	6	7	1	5			2
	7	9		8		5	6	4
2	8		6			7	1	

147

6	3			7	8		2	1
2		5	1	3		9	6	7
9	7		2		6		4	
		8	4	2				9
	5	2		8	9	6		4
	9			6	5	1		2
	4	6				2		8
			6	4			1	
5	1	3		9	2	4		

148

5	3		1		9	6	4	7
	6	8		7		2		5
		9				1	3	8
	5	3		9	1		7	6
6	1	7			3	9		2
			5	6		8	1	
9			7		8			
7	8		9	5		3	6	4
3				1		7	8	

149

	8	3		5		6		2
5	4		3	7	2	8	9	
2		7	6	1	8		3	5
4		8	7				5	9
	6			3				
3	5		9	8			6	7
			8			5	1	
8	7		5	4		9		6
9	3	5	2			7	4	

초급

150

	9		1	8		2		
2	8	5		3	9		1	6
3			6		2		5	
9	4		2		6	3		5
	6		3	1			7	4
	7		5	9		6	2	
1			9		3			2
	3	6		2				8
		9	8		7	1		

151

	4	5	9		3	8		
6	9		7	1			2	4
3		2	6	4		5	1	
	3	6		8			5	2
8				7	9	6		1
9		1						7
		7	8	9		2	4	
4	1		5	6	2			
	8	9	4		7	1	6	

152

9		8				7		1
4	5	1	2		7		3	9
	3		1	4		8	2	5
5		9	3		4		8	
2	4	3		9	6	1		7
	8				5		9	4
	1			3		5	6	
3		2		6	1			8
		5	4			9		3

153

	1	2	6	5		3		
	5	4				7	1	6
6		7				8	5	2
7	2	1	3		5		6	
	4	8		1	6			5
5		6	8		2			9
4	7		2		1	5		3
2		3	5	7	9			1
1		5					2	

154

1	2	8	5					6
7				1			5	
		5	7		6	2		8
8			3	6			7	5
5	1				7	6	3	
	3	7		5	1		4	9
	5			2	9	3	8	7
9		6	1	3		5		4
2	8	3					6	1

155

		2	4		9	1		3
1		3	2			8	4	9
7					1	6		
6		7	9	4	8			1
	8					7		2
9	3			5	2	4	6	8
2		4	1				3	
3	7	8		9	6	2		4
	1		3		4		8	7

156

	4	1	2		9	8	7	6
9		2		6	8		3	1
		7			4	9		5
2				9	3		5	
1	7	9		2		3	6	8
	3				6			9
8			9		7		4	2
	9	5		4			8	3
		2	3	5		1		

157

2		8	9			5		3
	9	5	2			1		
7					1		9	2
5			7		8	9		1
9		1	3			7	8	6
	7	3			9	4		5
4	8		1	7		3	6	
		7	8			2	1	
1		9	4		2	8		7

초급

158

1	3	6	8	5	7			9
2		4			6			8
		8	4		2	3	1	6
3			5			4	6	
	8	2		4		5		1
5	4			6	3		9	7
4		5	1			9	7	3
9				3	4	1		5
	1							4

159

						2	5	7
	7	3		1		9	6	
5			8	7			3	4
	1			6		8	4	5
6		8	5	2		7		
9	5		3		4	6	2	
2				4	3		1	
	6	4		5	2		8	9
		5	6	9		4		2

160

9		8	1	6		2		7
4	6	3	2			5		
1				4	5	6		
	1	5	6		9	7	3	4
6			3	1	2		5	
3		9		5		1		
7			8				1	5
8	2			9		3		6
5		6	7	3		4		8

중급

161-290

161

2					9			
	9		5				6	
8	1	5		7		9		
1				6	7		9	
9			4	5				2
	3							8
	5					8	2	
4							1	6
3			2					7

162

		9					4	
4				8		6		
	2				1	3		
		1				7		4
		7						
8				3			5	
9		2		6	5	4	7	
	7				4	9		
		8	9			2	6	

163

	7	2			5	9		
			7					6
3	4				8			
		7		3				2
9				7	4		1	
	2	4			6			
	8		4		7			
		6			9		4	
4				2		6		

164

	6							
8	2	3	7		4			
	7					8		2
		9	2	4				8
			9	8				1
			6			4		7
1				3			2	5
			5	1				3
	5	6	8			1		

165

	5		3	8			9	
9					6			
2	7		9	5				
		2		6	7			9
3			8					6
		9					5	
6	8			7				
	2		6			5	4	
			4	1		7		

166

1			6	3				4
				6		1		5
		4			9	6		
5								
	3	2		5	8	7	4	
	6				3			
			1		7			
	4	7	5					
6						9	8	

167

	6		5	9		4	8	
	7		6		4		9	
				7		1		
				5	1	6		
9					7			
		7	9					1
8			7					2
3		6	2					
			1			3	4	

168

		9		8				
		2	7		5			
5		7	2		9		4	3
				6				
	9							6
6	3			2			9	4
	7			4			2	
	5						1	9
4			6			7		

169

			3	1				
		6			5		4	7
	7	5						
8	2			5				4
		3	6		4		8	2
			8		3			
				6		9	2	8
6						4		
7		9				3		

170

6			3	9				
5					7		8	1
	2					6		
1	3					7		
		9						
8	7	2	9					
9		8	2		6		3	
	5		7				1	8
		7	8		3			

171

	7	2						
8				3				
1		6		7	4			2
7					1			
		9		8	3	4		
	4					8		
	6						2	
	1		2	9			4	5
		8			7		1	

172

					1	7		
1	4		8	3	2			
				5	4			
			2	1	3			
		2			9		4	6
	3		4	8			1	
	6	5				4		3
9				4	8	1		
4				2				

173

		1	6	9	3		5	
								4
5		6	7				9	
			1	7		3		
3		5		4	9			2
	8		3		6			9
6		2						5
			4		7	8		
					2			7

174

	9		3		5		4	8
3					4			
		1					3	2
		5				7		
	6	9					8	
	3			9	2			
			1	6	3			
		4				2		
	1			4			6	7

175

		8	1					3
		2		6		5	4	
5	1	6			2			
								6
8			3					
			2	4	5		9	8
	9			8				2
3		5					7	
	6	4						9

176

			1	2	5	9	6	
1							5	8
	5	6		9		1		
8	2		9					
6	7		8					
							4	1
		3						2
		8	5		2			
					4	7	8	9

177

	5		3			2		
1	9						6	
			2	4	1	8		
	8	9						3
7								8
		1		8	5	6		
			5				8	
	4		8		2	9		
2			6		3			5

178

5			2	7				1
2		7	5		6	9		
	3			1			5	
					4			8
4			9	3		5		
							9	4
				5			1	
		1					2	9
6		3						

179

1		2		3				
6			2				4	
5	3	8	9	4		2		6
				6				9
				1			3	
9						1		5
	2	9		5		6		
4	1		3				5	
					2	7		

180

5				8	3			9
	6		5					
7		3	6	2				
			2	5		3	9	
			3	9	8			
				1	4	5		
4				6				
		5				8		2
	1		8		2	6		

181

9		2						
7	6					1	9	3
		1		7		2		4
						4		6
		4		3	6			
6		8					5	
		7	2			5		
8	2	6		4		7		
				9	7		4	

182

4			2				6	
	5			6				
	2		9					
	4	5					7	
	3			4				
9					8	2	1	
						1		3
2	8	7	5	1			9	6
	6			8				

183

5								
	7	1	9					4
8				6	1			
3			1	7				
	1	4	5	9	6	8		
	9						5	
9	5					3		
		7	2					
4	2		6	3		1		9

184

8					5	1		
1			8					
	3	6	9					
		2	3			8		
		7	2		8		5	
6			1	5				7
	9		7				1	8
7	5				3			
				8				

185

	2		4	8				
8							6	
	9	7		5			4	
	7	5	2					
				7		1		
3	1	8					2	
		6						1
9			1			3	7	
			6	2				4

186

6				9				2
				5			9	
9			3		4	5		
			1				2	3
	9		8	4	7			
		6				4		
					3		1	
5	4			8				
	1	8	5		9			

187

	1							2
2			1		3	6	4	
				6	2		3	9
	4				1			
						4		8
		1	9	4				6
4	8			1		9		
	2				6	8	7	
	7	5	8					4

중급

188

9		7			3			
2		8	9	1				3
					8			2
		9	6					8
4					5			
5				8	9			
		5				6		
	6			3		5		
		2		9		3	4	

189

		5	8			9	4	
	4	6			3			
3				4		2	8	6
				2	9	4		1
2		4					7	
				5				
7							3	4
	6				8			
4	8	1					9	

190

8		9				7		3
2			1	6				
							1	9
	2	6		5		1	7	
1	5			8			3	
					1		5	
	7					6	2	
	8				7			1
6				9				

191

	8				9		4	
		5	2	6	3	9		
9		1						
	4			9	2			
				8	7	3	9	2
	9			1				
			7				8	9
	6	2						1
					1			7

192

7				1			5	
5		4		6			1	3
	3						7	
	8							1
		6	5		4			
		9			3			
					7			
2					1	7		4
			2		5		3	9

193

6	2			5	7			
		5			3	8		
1							2	
		4			6	3		
						5		4
5	9	3			4		7	6
	8		3					
	7		8	6	9			3
			4				6	

194

		1		5	2	6	8	
	6		8					
		9		7				
					4	5		7
	5						1	3
			6			8		4
4		2						
	9	7			8			
		6	5				9	

195

	7		3				6	
					8			
	1			6	7			
6		7				1		3
3		1		9		2		
				3	1	5	8	
	3		2	5				
	5				4		9	6

196

		5				3		
	7			9			2	
	2			8				
			1	2			9	
5		9	6			2	7	
1	8				9			
				7	1	9		4
3			8				1	
				3	4			

197

2	1	8				7		
		4			3		9	
		9	4					
	9	5	2				1	6
	2	3		1	6	9		8
	4				5	6		
9		6				5	3	7
		2		6				9

198

6					8	5	2	
8	9						7	3
	5	2	9				1	
9				1			6	
	6	8						
5						3	8	
		6	7				9	
				8		7	3	
	8		1		2			

199

3						8		1
		9		3		2	4	
	8			7		9		
	5		2					
					7		2	
8	3			6	5			
				4		3	1	
4			6					
5	1	3			8			

중급

200

					1			
			8				2	6
	5			9		8		
		4						5
	9	3	7		6	1		8
7					4	3		
2					3			
			2	4			3	
	7		6	1			5	

201

2	1				5			7
5		9			7		3	
		7	4	9				2
1		2					7	6
		8						
	7			4			1	
9	6			5	4			
						6		
8			9					5

202

	6	7	1			5		2
	1						9	
		4	8		6		1	
	5						7	
6		8	7					3
2	7				9			
7			6					
4				2	7	6	8	

203

	2	1	5		3	7		
		9	1				4	
3					8		2	9
	8							6
							3	4
9	1			6			8	
7			2	1				3
			4			6	9	1

중급

204

1						5		
	2	8			5			
			4			1	9	
		9	1	7			8	
			3					9
		1	6	8	9			3
6								
		4	9	3	8	2		
	7	2						

205

7						4	1	
	4				5	3	9	
3	1				9	7		
9						2		
	5		3	8				9
					1			
5	6		2				8	
	2			6			4	
			8		4			7

206

8					6		4	
			1	7			3	
6	3	5	2					
2	8	6		9		5		
	9		3			7		
					1			
7	2					1	6	
4					2	8		

207

	9			8			3	
						1		
					5	2	9	8
7			9	3		4	5	
		3	6				7	
	6			5	2		1	
1				6		9		
		9	5					
		8	4	7				

중급

208

2		7		5		8		
						4		9
						3		5
			5	1				
4		3		6				
		5			7	9		1
3			8					
8			3			7	6	
	9			4		1		3

209

6			5				1	
1	4					9		
							7	
7		9		6	3		2	
4		1						
	3				8	7	5	
				4		2		
9	6			2	1			7
			7	3			8	9

210

4						3	8	1
		9	7		8	2		
						6		
5							6	
			2			7		4
	4			3			9	8
6							2	
1	9		6		4			
	8	3		2		4		

211

9	7				3		1	
3	6		8			7		
8					4		3	9
				5	6			
	3	8	1	4				
							4	6
			4		9			
		6	2				5	
	4	2	5				9	

중급

212

2					3			9
	4					2		8
		3	5					
4	9	8			7			
	3		9					
		2			4			
			2				1	4
9		7				6	2	5
				9				7

213

8					3	1		6
5				6		9		
1		9				5	7	
	1			3			8	
		2			6			7
4			7	2				
	8		4			6		
7					1			
	9							

214

			6	9				1
2	8	9						7
4								
			7	8				
3	5			4	6			
9				5		8	6	
		3	4			2		
5	7		3			1		
	6			2	5	9		

215

		1	9	4	7	6		3
				8				7
			3			4	9	2
		4		9	8			
			7		1			
	8					9		6
	7		1					5
				7				9
2	5				3			

중급

216

	9			5	7			
	8						3	
		3	1					
				1		5	7	3
		2	5			4	1	8
3			7					
			8					1
	7					9		6
		6		7			5	

217

4				1	9	3		2
								1
	5		8	2		6		
3		6			1	9		
					4		6	
	4					5		7
	2	7	3					
6				9				
1	9		2					6

218

7					4			
2					5			3
			9			5	2	4
4		3			2			
8		1	6					
		7				6		1
1			7		6	4		
	4		3			7		6
	7			9				8

219

			7					5
	8	7			9	1		3
			2		1			
	7			1			4	
3				7	5	2		
8		2				7		6
	6			9				
4		3					1	8
		9						7

220

9		6		1			5	
	4	5		7			9	6
							1	
		9						
6		4		5				2
	2	1		4				5
4	9					1		
7							3	
		2		8	9	4		7

221

3						4	8	6
4			8	2		9		7
	7	5	6					
			3					
7	5	6	1					2
						8		
	2	3		7				
5						7		
		7	9	8	6			

222

			7		4			1
		3				9	7	
							8	6
	6	8	5		2		3	
	7		3				9	
3				7				
	3			2				
	4	1			3	8		
9					6		1	

223

2						7		
5		9	7		4	1		8
	6			8	5			
3			8		2			
7		1	6	5	3			
								3
						4	9	
6	1	3						
						5		

224

		7	2	6	5			
3		1			9			5
5	6			4				
2		9						
						8	5	2
		3					1	9
6		4	8	9			7	3
		2					6	
7				3			2	

1
2
3

225

		5			1	9		
				7				
		1				7		5
	1		7	6			8	3
7	3		8	4				
8		6	3				5	
	5		2		8		7	
	2							4
6						8		

226

2	3	4			5	9		
			1					
					6	5		2
					8		9	
						7		6
5	8			9		2		
	7		6	8				3
		2	4					
	6		5				1	

1
2
4

227

	8		6	9	5			2
	6			8		3		5
	2					1		6
							6	1
		8		5				
					6	4	5	
							2	
	9		4				1	
	4	2	3		1	8		

228

		1		8				
			7			2		
		6			1	7	8	
		2	5			4		
	5					6		8
			3	4	8		9	2
					9		7	
1			8					3
	9					8	5	4

229

2	6				5			4
								7
5						6	9	8
3		1		8	9		7	
		5	3	2				
	4		6			3		5
1					2			
				4				
4	9					8		

230

	6				8	2		
7	4		1				5	
		5		7				
	7		8				3	
				4				5
		1		9		7		6
2					9	5		
	8			6	5			4
						6		

231

			5				6	
	9		8					
		3			4			1
	3				8			6
	8					4		9
		9				1		2
4				1			5	
3		2		7				
9	5		3	8		2		4

232

	5		6			4		
							2	3
		4		2	5			6
7		2	5	6				
5								7
	4							
	9	5					7	
1						9		4
4	6		8	1				2

233

	9				7	1		5
			1			6		
			6	9				3
		4						7
9				2				
8		7		5		9	3	
							5	
3				4				6
	1		8			3	4	

234

2								7
1	4	5	6					
7						1		
	5						1	
6					3	9		
	8		9	4		6		
					2	3		
			4	9				
	9		5	3			7	8

235

		5				6	9	
			7			8		
6	4					2		
		8		7				
	1		5				6	
7			9					8
	9				8	3		
4	5		6			1		2
					2			4

중급

236

					7	2		
9		6	4					
3							1	
1			3					
5						9	2	
8		7		9	4		5	1
					3	1		
7		8	1		2			4
			7		6		9	

129

237

		3	8					
	7				4			6
						7	3	
	6			7		2		
					1	9		
		7		6	3	4	8	
2		9					5	
					8			2
	4	1	5				7	9

238

8					7			
				3			7	
9			8					4
2	4		6				3	
7					3	5		
	3	8			9			
		7				1		
4	8			2	5	3	9	
	5							6

239

1		6	7		8			
		2		5	6			1
	8			4				7
7				9	3		5	8
		5						
						2	3	4
		8	4	1				
	9							
			5				7	6

240

					6	1		
3	5							
6			5	7		8		2
1						7		
	7		4			6		
8		3	7	6	9			1
9				4				5
	6	7		9				
		5			1			

241

6		8	9			2		1
				7	1		6	5
	5		6				4	9
			8					2
				4	2		8	
			3	6		1		
4	2	3						
				9		7		4
	9							

242

				6	7		4	
7						1		
				1	5		9	
2		1	7					
3			6		9			
	6			9	8		1	
9		3		7				5
	2	4			6			

243

8			5	1				9
		7				8	3	
			3	8	9			
9					1		6	
			2				8	
	2		7			1		
	4				6	3		
	5			3	4		2	
		6				4	9	

244

		2		6				3
6							2	8
		8				5		
	2		7	1				6
		9			2		8	
5		4	8					
				4				
9			3	2				5
	3				7			

245

		6				1		
9			7				2	6
				8				5
	9	2			8		7	
	5		2	7	9		3	
								1
	2	9	8				4	3
	6			3		9		

246

	4							
3		8			1	6		
		6				7		3
4	7			2				
	3	5			9		1	
			1					
	2				7			8
	9				2	5		6
		3		9				

1
3
4

247

3				6	9		4	1
				1			2	
		7						
		8		2		1		4
				4	6		7	9
	3		7					
					5		9	
7		5					1	
9			6	3				

중급

248

		9				6		
		1			5			2
3	2				4			
			4		1		9	
			5		3			8
	9				8	2	4	
	4	8					6	1
					9			
9	5	3				8		

249

1			2				9	8
	4		5	9		1		
		7				4		
4	1			5				
				4	9			2
9	3			7		2		6
		6			5		8	
	8			2		3		

250

4	3							8
9	5		7		8		6	3
		6			1			4
		9			7			
			2	6				
						7	4	
			6		9			
	9	7			2		5	
	6		1				8	

251

			4				8	3
		9		8		1	6	
3								
	4	2	6		8		9	
5				9				1
	7	3				9		
9			2					
	2	8				6		4

252

	2				8			1
	4			1				
	1		6		9	8		
								5
	9				5	1		
		3		7	1		4	
	3						8	
9			1					4
	7		3	6				

253

	8					5	3	
5						7		
				8				9
		8				2	5	
3					5			
4			7	6				
	9			2		4		
7	4		3				1	
		1			8	9		

254

		7	5	8				
			4		9		7	
8		2	1					
6					2			4
		9						1
	1					3		5
	4		2	5				
3								2
5		8			7			6

255

2	9				5			
	1							2
			6					8
	8	1					6	
				4				
9		6				1		7
			9					6
8			5			7		
7		2		6	4		1	

256

9		4	6					
						2	3	
	6							4
		5	7					
8	4			2	9	6		
	2			6			1	
2	7							1
				3				8
4			5		7			

257

		2		3				6
		5			4			3
9	3		8	7		4	1	
					9		7	8
2				1				
				4	8			
	8					3		
3			1				9	7
	9						6	

258

	4		9	2	3			1
2								
							8	
3			1		8		6	7
4		6		5	9			3
					7	9		
			7	8	2	1		
	2							
		4		9				

259

			9		4	6		
	9			1				
	5				3		9	
		1						8
9			7		1	2		
	3							
	7		3			1		
		4						3
		3	4	7			8	

260

7			5		1			6
	9					5		
8		5	2	9				4
						3		2
							8	
		2			6		7	
	2	7			4		5	
			7		2			
		8					6	

261

		6	3		8			
		9		2	6			
			9					
						7		8
	4						2	
3				7	5	6		4
	7	8				1		
	1			8			3	5
4		3						

262

	9				4			
5					6	3	9	
		6						
4	6			8				7
			7			4		
1				3				6
		1	3			5	6	
					8			
6		7			1	8		

263

2							3	
	1			4			9	5
	7		3					
	3	6		5		2		
4				9	1			8
	2	4				9		6
			2					
9				7				

264

8							6	
	1		9	3			2	8
7				5	6			
								9
			7					4
		3		4	5			
			5		2		9	
		8				1		
3		9					4	

265

6		8					9	2
				8	2			
	4			7			6	3
								4
	1	4					7	
2						3		
4	2					7		
						4		1
				2	1			5

266

	2		8					4
		3	1			7		
		8		1			6	
			6			1		7
1	5	6				9		
				5	4			6
6	4						9	

267

		5			2			7
	7					1		
1			6		7		2	
	9						8	
								9
	2		4	7				
4		2			6			
				3		4		
			5					

268

	6							
5		3		2			7	
					9	5		
		5				4		
			7		2			9
								1
6					4		8	
1			2		8			
		2	6		3			5

269

6					7			1
9	7		2					
				4				
		9			1	6		7
							2	9
8	3							
				5	9	1		
						3		6
2	9				6		5	

270

7		1			6	8		5
			4	3				
		4				7		3
		7		1				
					5			2
3				9			7	4
4			6					
		3	2			5	9	
2				7			6	

271

				7	6		8	
6			2		4			1
		1					7	
					2	3		
7	9					6		5
	1							7
	7	5		4			6	
			8					3
4		6						

272

	9							6
			5		1	2		
	1		3				8	
4		7		8				
	6			1			2	
2					6		7	
		4			9			
		9	1		4	7		5
				7			4	

중급

273

					9			6
		6					9	8
	5			2		4		
		1				3		
7		4	9				1	
5				4				
	1			8				7
	9		6	1		8		
			7		4			

274

				7		5		8
				3				
3			4		2		9	
9							2	
				9	8			5
8				2		7		
	4	3			6			1
						4		
		9	2		5		8	

275

1	3				4			8
		2		6			9	
	9				1			
4				7				
	5					9	7	
		7						
		9		3	5		4	
		5			7			3
				2				9

276

							9	
4		7				8		
			8		7		4	
6							7	
	9	2				3		
8		4	9		5			
	5		1					6
9				5				
	4			3	2			

277

	5	6						
9	3		1	5				
		7			3		5	9
3		1					7	
4				7		3		
		5			1		6	
			2		5			
1			8			2	3	

278

			6				2	4
	9			4		3		
			2	1				
		6						
7			1	2	4		3	
			8			1		
2		4			1			
5				3			6	
		3			8			

279

			4			3		
					9	7		8
			6					
9		7		3			6	4
		3	2					
	1			4				
8		2					7	9
	7	6					1	
							8	5

중급

280

			1	4		3		
8		2				6		5
	3		5		8			7
				1			8	
			4					
9					7			4
	8	6	2			4		
3	9						5	1

281

1		9		5			6	
2				8	7			
		7	6					8
		4				7		2
	3		9	6		5		
					8			
	1			2	6			
8	4						2	
						8		6

282

			1	9			7	
	8						1	
					5			4
5		6		2				
				5	4			
	4	7					2	
		3			7			2
7		5		8		1		3
					3			

283

				8	2			
	9					5		
3		4						
		1		6	4	3		5
	2					1		
			5		7		4	
			1				3	
	4							
8		9	3	7			5	

284

	9					8		7
1	5		4	3	7		9	2
	3		7					
		7	1	9				
4								6
7			9		2		6	
								9
		2			8			4

중급

285

5				2				6
					1		5	
1	6				8	9		
	7	6						2
				9			6	3
			4					
	2		9		6	8		
		5					7	1
	1		5					

286

1		6						2
				1				8
							6	
	7				5		4	
6	3				9	7		
	5	9			1			3
		8						7
						5	3	1
2			3		7			

287

				5	3			
		9			1		8	
1				7				
	3		1					
7		2	3					1
5							6	
		8	2					3
					6		2	
9			5	4				

288

		2	6			1		8
			1		8			7
				3				
5	4					9		
				8	1			
7		1				2	8	
	5			1				3
				5				
	8				6		2	

289

6		1			7			
			3					8
		8		6	5		7	
	2						9	
			7			3		
	9	3					1	7
			4		3	1		2
3						4		
							3	

290

	5	8			3			
	2			9				
	4		2			9		
		7	4	6				
		2			7	1		4
4								
	6				8		2	3
				2				
	8				9		6	

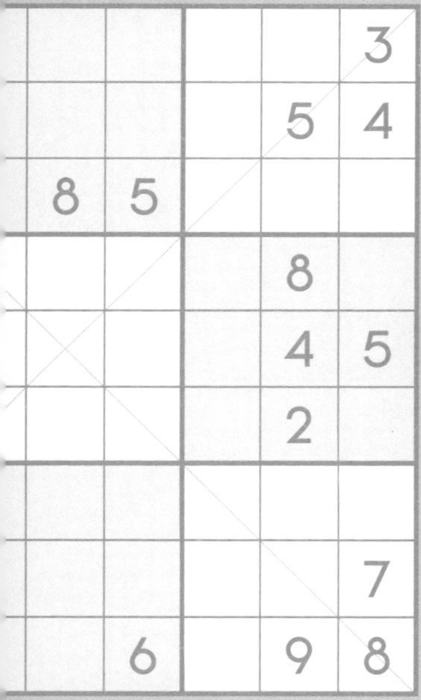

고급

291-420

291

8						9		
3	5			7				
2			5	9				
7		8				6	1	
1		5	7					
			4					9
	3		8					6
		1				2		

292

		3			1			
			2		4		5	
4								
								8
			5			3	6	
			6	1		2	7	
				8		1		
	8	6		9				
		4		3	6			

293

1								2
		7	2	4		3		
				9		4		
	1		4				2	
7	4		9		2			
		5					4	
4				8	1			
						1	6	8

294

		3		4				2
					6			
		5	1					
	2		6				3	
							9	4
6	8	9		3				
5			3					
				6				
	1	2						

295

9					3	2		
			1					
					9			
	6		5				9	
	9	2		6		5		
4								6
					7			
		4						9
3	8		9	4		6	5	

296

						8	3	
					6			
	5							
		1		5				6
							5	3
9	4							
			7	3		5		4
	2					3		9
		3			1			

297

				4				
			8			9		
		4		6				
1	4	3				2	9	
9			5	3				1
7								
2	5		1	9				7

298

		9						1
	1	2				9		
	3			5				
			5				3	9
4			1					
				9				
		4	7			8	1	
	5	8			3	7		
		7	8					

299

	4		6					
	5			4				
	3		2			8		
		2	3	6	4			
5		4						
4							2	
6			4	1	8			
	8		5		9			

300

2				3			5	
				9			6	
8								
	6					4		
7		1		8	9			6
3	2				6			
	8							2
1		3					4	5

301

					5			
		7		9				
		3					9	
	8					9		2
3		2			1	6	8	
							4	
1				3		8		
			1					7
							6	

302

	1				2		4	7
					6			2
	2		7	9				
		4				8		
				2	8		5	
	8					4	2	9
5						3		
	7							

303

				6	8			
3		9	4					
				9				
	6		2				4	
7		5			1	2		8
				7				1
			5				7	
6						5	1	

304

			6	2				3
9								1
	3							
8		4			5			
			2		3			6
		3						9
		1						
				7				
		2		1	6		9	

305

			7				3	
		3		5		9		
		2			3		1	
	7		3		2	5		
	2	4						
						6		
						4		
9			5			1		2
3								

306

	1							
4			2		5			
	2					8	4	
				8				4
							5	
				2		1		
					4		9	
1		2						
9				6		7		

307

			5		9		6	
					6	5		
							9	1
								5
	9		4	6		1	2	
		7		5				9
1	3			8				2
	6							3

308

5					6		7	
	9							
			1					8
			2	6				3
	3							5
			4	5	3			
						1		
6	5				4			
8	7		6		9			4

309

				2		4	1	
			7					
							3	8
7				5				1
9			8		3		5	
5			4		7			
		8				3		
	2		3		9			
		5			4			

310

					1	6	8	
	7	1	4					
3			1	4				
								2
			7		8		4	
								1
4		7	9	3				5
				1		7		

311

	3						9	
5					2			
9							5	3
				6		3		
	2		4			9		
				4				
4			7	8				
6	7	2	1				4	

312

2			7			6		
5			2	4				8
					5			
				9				7
		2	1					3
				2			4	
	9		8			4		
			4			8		

313

8			3					
	7		6			9		
	9			2				
7			9	8			3	2
						7		
				7			8	
			1					8
						3		9
6	2						5	

고급

314

	3	8			2	9		
		4					3	6
		1		4				
		5						
2					7			
	5		1	7				9
		3		2	8			5
						8		

315

	3	4		6		7		
	8		2	5			1	
							6	
			3	9				7
4								
							5	
8		7		4	2	9		
			5	8				

316

3					9			
	1				7		9	8
			6				5	
					8			
9				7	5			
		5					2	
		2						7
4			7	6				
	9	7				1		

317

8			4				9	7
1		6	9		3			
							4	1
		7				9	1	8
2	8			1			5	
						2		
	1							
6		8						

318

					9			
	6			1			7	
4				6			9	1
	5						8	
	9		1	3				
						9	1	
		8			1			
			6	4		2	5	

고급

319

		5		9				4
		1						2
4					3			
		2			8	7		
	5							1
1		8						
8			2	6				
			8		5		9	
5								

320

		8			7			
		9		2				
			4	8		7		
4	1						5	
9				1			6	
		7	5		3			
8								
		4			1			2
				3				

321

8					5		4	
6		2						
3					2	8		
4			1				6	5
			5	6			7	
					3			2
	7		2		6			
		6						

322

		8						
5			3				2	9
9	7			8		3	4	
			4					
	3		2		5			
1								
6			7		4	5	3	
7								
	2			6		1		

173

323

								6
		6		2	1		4	
3	7	2			4		8	
				7	5			
8								
			6		2		3	
1		8			7			
6						1		

324

			4			9		
9		8				7		
	3	5						
				1	4			
7		6			2		1	9
	1							
				8	3		7	
		2		4		3		

325

	9							3
1					7			
	5							7
					2	3		
2	6		1					
	1	8						
9			5					
		7						
	3	4			9			

326

			6				2	
					7			
			9					
		9			2	5		
8								3
6		5	7					9
	7		1		5			2
					3			
		1		2				7

327

		3		1				
								7
			4					5
		2						
	3					9		4
		9		4		7		2
	8					4		3
		1						
	9	5		3		8		1

328

3		4			5	9		2
					6			5
4	8				7			9
		2			3			
							9	
1						7		
	5				9	8		

329

				4			9	
	3							6
2								8
9								
		1						
5	8	4						
				6		8		
	9				4		7	
							4	9

330

			5		6	1		
		3	8					
	1				3			
4		6				5		
		9	1		4	3	8	
		7						3
3	2					8		5

331

4	8				1			3
				5		4	8	
			4				5	1
1	6	2		8				
			1					
7							2	
					3			
			9	7			1	

332

	8		6		2			
								7
								3
			5	3		8		
								4
	1	4		2	8		3	
1			2					9
4		6						
		8				3		

333

2							9	
1			8		6			
6							7	8
						2		7
	4			9	5			
3		8		1				2
	7	1				5		
			7					

334

					7	6		
	7	8						
	3		6	2		7		
8								
		1		8				
3					9		4	
7			3				9	
5								7
4		3		9		5		

335

	6					8	3	7
7			9					
								5
	8	2						
	3					5		
5								
	2			7		3		
9		3	4					8
					9			

336

				3			5	9
		7				2		1
								7
	7				2			
			1	8		7		4
		4				8		
					8		6	
2	6	9						
						9		

337

	8	7		4			5	
5				1	8			
			2					9
7	1			6			9	
				8				
8	4							5
								6
1		6						

338

			4		9		2	
	8							
	1			5	8			
2				8	3		6	
		8	7					
				6			3	
		5			7			
	2							
	3				5		8	7

339

9	3						7	
			4		8	2		
								6
6								
	9		8		3			1
			2				8	
			6	9				
				8			4	5

340

	6	8		1	7			
3	2				8			
		7				8		
		6		2				
								1
		1	6		4		9	
							5	
				4	5			
		5	9		6		4	8

341

	6				2	5		
				5	1			
			2			3	5	
4				8			6	
	8					2		
8				1		7		
5	2					1		

342

		8						7
			5	2		3		
5		3					9	
8			6					
	7				3			9
			9					
				3	8		1	
9								
					6			5

343

							3	
		2		7				
						2		5
5					9	7	1	
		9	1					
8				4		3		
		3			7			
2					8	5		3
				9		4		

344

		8						7
5			3					
						9		1
		9	5		3	2		
						8		
	8			2			1	3
	4			5		6	2	
2								

345

	8		3	1				4
				5		7		1
	5	4				3		
			8	9				
		1					7	3
			5	3				
						6		
							5	8
	4	5	1					

346

	3							8
	9				3			
			2					
					5	7		
5			4				1	
		6		8	1		4	
					4		7	2
						6		
				1	6		3	

347

					3		8	
		8			7			
						7		4
	9	6		7	4		3	
	7							
			8		1		7	
4	3	9						
2			4					

348

3	8							
			7	5				6
6					9		1	7
				9			6	
	6	3		7				
9		5	2			6		
						9		
			9		5		8	

349

		3	6					
		1		7	5		6	
	1				9			
								9
9					3		4	7
								8
7	5	8						3
			8	2			5	

고급

350

					8	9	6	5
					6			
						1		
8					9	5		
							9	7
4	1	9	7				8	
		6		2				
	7	3	9			8		

351

2								
6		7		3			2	5
1			6				7	
	3	1			9		4	
				4				
						9		
		8						4
		4				6	8	1

352

			5					
		1				2		9
			1		2			
		4			7		1	
	6	8						
					4			
			4					
1			6	3				4
3			7	9				

353

		4		6			1	
7			1					
	6					8	2	
			6				3	7
						1		4
	1							
				3				1
						3		
		3			7	2		8

354

		2						
					6			5
			7			9		
	6						1	
8					2		5	
						3		
	8						9	
				7				
4				8	5		6	

355

8		2		5		6		
3	4		6				8	7
	9	5			7			
		7			6			
	5				4			
						9	7	
								2
	6				5	8		

356

				5	6			
	2	9	1			6	7	5
				9	8			
								2
					2		9	
							4	3
	5	3						
	4		6					

357

2				5	6	4		
		1				5		
	9				1			8
9			8			3		
	8							
5	1	7						
					8			
8	5	6				9	2	

358

							5	
					4			
	5			9				
4				3			7	
			1			8		
9			7					
				2		5	9	
			6				2	
		6	4		9	7		

359

	9							
7		2		4		6		
		8					7	2
3					5			
	5		9				8	
8		9	4		1			
	4				8			
			5					
								4

360

8		6				4		2
2				5				
			9					
			2			5		
9		1			8			4
			5	7		6		
6		9						
1		2		9				5

361

6	4			8		1		2
	9	7						
			6		4			
				3				
	5				8			3
						2		5
				1				
	3		8	6				
					3			

362

				3				
4								
	2					1		
	8			5				
3			4			5		
							4	
	7	5						
			1		9			7
	9	8			5	2	1	

363

8	3			2				
		6						9
		9				3	1	
9						4	5	
					8			
	5							
				3				
		3	6	7				1
5								

364

					9		5	7
7	1						9	
		2				8		
	2						4	
8								9
				8		6	7	
								6
9		6	4					
2			9		1			

365

3		9						
	7							
	6			3	1	8		
			6		5			8
							2	
		1			8			
			5	4			7	3
9								
	4	3				9		

366

		9		6				
	4	6			7			1
3				9			1	
		7			4		2	
					3			
	8						4	2
2		1				3		
		5	3		9		6	

367

4					5	2		
			2		7	4		
				8				6
8			5	7	6			2
7	2					8		5
1		6						4
	7					3		

368

		3		5		2		
				8				
	5		3	1	6			8
7						9		
2			5		8			
			6					2
								7
4			9					
	3	7					2	

369

					8			9
4	8				7			
			1	5				
5								
		2		4	6			1
6				1		3		
	2	3		8		1		
				2				5
	5				9			

370

1					3			
							4	7
8	4				7			
	2	7			9	4	1	
		8	1			5		
	1							
3		1		4			2	8
								3
2				1			7	

371

		5					2	
								3
4					7			
2				8	5		6	
						4		
	5		7	4		8		2
6			2					
				9	8		1	

372

		8	3			9		1
								8
1			2			6		
3	4				5			
8	6	7					9	5
7		6		5				
							6	
			8			7		

373

		4						
3		5						8
	4		3	6				
	7		5					
		1				2	9	
4		6					3	7
	3			4	8			1
					7			

고급

374

		8				5		
3		7		5		4		
					7			5
1	4				5			
			3		4			
						2		4
4			2			6	8	
6				4	8			

375

			5	3				
								5
7						6		
				6				4
3		6					8	
	1			5		7		
		9				2		
				7		5		9
		1					3	

376

				6				
					2		4	
8		1		9	3		7	
7			2			8		
								1
		9				7		
				8			9	
	3		9					
5				4	6			

377

5		6	8		1			
						5	8	
		7	5					4
3						2		
8								
			3		9		1	
	6			3				
		8	6					
9			7					

378

	6	8			1			3
					8			9
								8
					6			
	8			5			2	
	3							5
		9	1					
6	1			9	7			
		4			2			

고급

201

379

				8				
			7	2		3	1	
	2	7		9				8
5		3				1	8	
	8	4						
7			4					
					7	9		
		1				8		
					5			

380

	5							
		6		4				
2		3						5
8	2		7				1	
		5				4		
		1						
5				7	1			
			2		9			
			4				3	1

381

		9				5		
			6			8	9	
			1	9				
					7			
	6	3				9		
						4		
	3	5		2			6	9
4								
					6			

382

	6	3	4				5	
	2			7	3			
	8	5		6		7	2	
							1	
2						5		
						3	7	6
			3					
								5
	5							

383

			9				7	
	3	2						9
				2	5			
						8		
		1	5			6		4
8								
	5	7			8	4		
					4		5	3
					2			

384

7				9				
					4			
4			5	8		2	1	
					2	8		
	8	1					4	3
	9				7	6		
6			4					
	5					1		

385

					3	2		
3								
2						5		3
8				4		1		7
	5	7			2		9	
			7	9				
								5
	2	4						
			4		9			

386

| 고급

	7	4		6	8			5
	6			3				
							3	6
					3			4
			5	7				
							2	
6		1					5	
7			1			3		
				9				

387

		5		6				
	4			8	5			
	9		7					
			8			1		
				5				
6							7	4
						2		
5					4		9	1
9		3					4	

388

6		1	2					4
		5		8				
			1					
9			5			1	7	2
			9					
				9				3
2	5		3	4				
	9				5		4	

389

							6	
		4						
							1	4
	4	5	8	7				1
6		1	2					
	8			3		6	9	
			5		3		4	
7			4				2	
				1				

390

	8				5			
6		5		4			2	
		4						
								7
4	9				1			8
				8				3
7			2					
			7			6	8	
					3			2

391

	6				7			
			2					5
								8
	3	9	4		2			7
				3				
							5	
3		1	5	2				
	5	6	7		4			
				6				

392

2	8						9	
	7	4	2				5	6
					9			2
4								
7			4		6			
					5		3	
3		2					6	
			1	5				
							2	

393

		2						
				6			3	
	6	5		3				
	2	3	1			8		
				8	9			6
						4	9	
	7		5					2
5		6		2				
					1			

고급

394

	8					6		9
6				8	9			
		2	6				7	3
	4		9		7		5	
	5		4					
			5		1			
						7		
9								
						9		4

395

1					5		8	
						6	3	
9	4	3						
8				3				
	1			6	8			5
						7		
4			5					
		9				1		
						9		

396

		2	5		3			
		3	7			8	9	
	4	7		8				1
		6		3				
				9				8
			1	2	9			
		4						
	2	8						

397

4		9						
						1		
1		5		4	2			8
		2					5	4
		1						2
	4						7	
			5			8		9
				6	7			
5					1			

398

	8			7				
		7						
			6			7		
		3		4				
9			1			6		3
	1		2			5	4	
6					2		8	
		8			1			
		5						

399

4			5			6	7	
	3		4	6				
7	2							
	6							
					5			
					8		5	
1	7	8						2
		4			1			

400

	4		3	2		5		9
9								
			7		9			
	6	1				9		
	3			4			5	
			2	6			3	
				1				
							9	
6					5			3

401

						3		
	8				6		1	5
2				4		6		
9			6				8	
				8				6
				3	8	2		
1			4		9			7
	4	9			2			

402

				4				
				8	7			
	8	5		6		1	2	
2			4	9			3	
3								4
				7		9		
			6	3				
	4							
					2		4	

403

5					8	3		
		2						9
3	6				2	4		8
8				3				
	1					2		
				6				
	7			9				
		1		7	3		5	

404

							6	4
							8	
				3	4			5
	1		5					8
5	3							9
		4					1	
7	2					8		
			1	7				
			4		8	6		

405

9					3			
					9	5	4	
4	5		6				1	
	1				6			
		8				7		
3			1	9				6
		4					2	
	3						7	

406

	1	7				3		
				6				
4		2						
			9		3			
9				1				
	5		7					
	2			3				8
		4	1					6
				4	2		9	

407

1						4		7
9				6				
				8				
					5		7	
			6		1			
	1			7				9
	2		3			5		
				5		8		
6	5							

408

							9	5
6					3		4	
				3	1	4		9
	9	3			6		7	
								2
	4		3					
	3							
	5	7				3		6

409

		7						
				2				
		2	7		4			1
8					2	6		
6		4	3		5			
		3		6		4		8
					8			
					3	8		
3					1			

410

				7				
				3				
	1		2	9				
6		2						
	5		3				7	
			4					
						9	6	
			9		2	8	5	
5		1	7				3	

411

3					2			
					8			
		8						
		2			7		5	
	1		8			4	2	
8	6	9		2				7
				6				
	2	3				5		

412

					6			
5		4	9			6		
	9		2	4				
9							1	8
		3						
		7				3		
		2		8				6
				9				
	5					4		7

413

						6	1	
9				6				4
						9		5
			5			3	6	
		5	7	4		8		
	7		6					
	1	9						
					9	7		

414

4	7	1					5	
	2	6		1				
	6			4			9	
	8				3		2	
		3			6	8		
						5		2
6								
				2	5			

415

7	1			3		2	5	
			8	5				4
							9	
				1	2			
2						1		
6				7		8		5
			6		5			
	8	2		4				

416

	1							
								9
2					3			
	8	6		2	1	9		5
	2			6		3		
9			2					
6				1				2
5	4					7		

417

	8	1	2		9		4	
							7	
3			1					
1			6	7				2
6					8		1	7
		8	7				6	5
					6			
			4			7		

418

7								3
							5	4
	3			8	5			
5							8	
		3	8				4	5
	8						2	
			5					7
	4				6		9	8

419

		4	7					
			1	9				4
		1		3				
							3	5
				2	3			
4		5	6		9		8	
		8						
					5			8
						1		

420

7			3	1	6			
		1	4	5				
						4		
	1				5			
2			6			3		5
6				3	4			7
							9	
	3						5	
				6				

9	5		10	12	4	
6		8			9	
		12			7	
	10		5			
2	3		11	9		
				7	3	
		5	6			
11	2					
	8	10				
		3			11	2
				5	8	
8	12					1

특급

421-550

421

8		1			7				9
6		2			1	4		3	
1			6			8			
2		4		8			10		
				7	10				
			5				1	9	
		10				1			
			8				6		5
7		6		10		5	4		
	2		3		8				

422

1			6			9	3		
				5					
5			1		8		9		
			2	10			4	3	5
		2		8					
	10					8		5	2
			8		7			6	
	3			1	2				
7	2	9					10		3

423

6									9
5					4	10			
10	5	8						1	
9		2				6			7
	9					7			1
	3		1				2		10
4				2			1	10	5
1						2		9	
		6		1	5				
	10			7			4		8

424

9			10		5				3
	8	1					9		
			2					1	
10					3		8		5
3						7	5	6	10
8								9	1
	2				10				4
	3	10	9			8	6		
			5						
7	1			8	9			4	

425

	2	10	9					5	
	5					9			
3		1		7	6				
							7	9	
7							8		2
8			6				3		
		2			4				8
1	6		7			3			5
		8	2					1	7
		6					4		

426

		6	1	5	7		10		
		7		8	3		1	5	
			6				7		5
		9					2		
7				10			5		
		4		1					8
	8	5				2			
				3			4	7	
				7	2		3		
2	1		3			9			

427

5		4			3			6	7
3		8							2
4		2				5			
	7	5				2	9	4	
							1		
10	5			3					4
	6	9		4		1	3		
							6		
			3	8	9		10		
			1					8	

428

6						4			
	2			1	8	6	3	5	
						10			8
4	9			8		5		2	
		2	1				7		
			3		6				
			8				10		5
	7	6		5	4	2		9	
	1			4	2				
	6		7			8			

429

10		7	5			2			
			1					10	8
		9	10			5	1		
	1			4					10
	3				2	7		4	
	10		4					1	
1		8				3			
9			7		1				
6	9				4				
5							9	3	

430

	4	10		1	9				8
9			8				5		
				6	1				
			10					5	9
1					10			7	
				2		9	8		1
				10					7
	8	4						3	
	7		6			5			
8			3		7			9	6

431

7		4		2				8	10
		10	8			5			
					5		4		
		7		10	9			1	8
	1			7		2			4
5							9		
	10	2		1					
			9		3		2	6	
						4	3		
				3	1				5

432

	2	8	5						
1			10		3				8
			1			9		7	
		9			2			1	5
3	1		7		10				
4		6					2		
			7	4					
6			2		8		10		
		3			2	4	8		
	4			1	7		3		6

433

7									
3		10		6	9		4		
					4	2	8		
6	2							7	
1		4	2		6	10	7		5
	10								1
4			1			5	9		
2	5							10	
	1	7	3	4			2		

434

7									
			3		9	2		5	
			2				1	7	
	1					6	10		2
	10		7				6		1
				8	7		2		
4		6		9	10	5			7
10		7	5			4		9	
6	9							3	10

435

					2			1	5
	3								6
	2				9		5		
		7		5					10
9	4	2				8		3	
			8				6		
		6	1				7	2	
								10	4
		9		8		7		5	
7			2		1		9		

436

10			4		9	3		1	
					7		4		
	4	8							
1				7			3	5	9
				3				10	
		7		9			1		
		4					5		
	8				1			9	4
	10		6		2	1			
	2					7			

437

3		4			5			1	8
			8		10			9	
			5					6	
						4			1
8	1		2	6	3		10		
	10		3				2		
								3	10
1	7			8	2	6		4	
	3			4			1	10	
		5							

438

		4					9		
		3	7		5			6	10
							7		
	7			8		1		9	
		8	10	4		6	1	7	
	1						2		
		6			9				
	4		1		6	2	8		
	3	7					5		
9	8			10	2				

439

3	5			10				2	
2									
5	2					10			6
6				8		1			9
		8		9		6		5	
7		4			10	3			2
					1				
			6			8			5
	4	3		7			6	1	
			1				9	3	

440

1				7	8	5			
	9	3		5					
5					4	6			
8		9			10			3	
		5						2	
			3	4					
	7	6							
4	2		1		3	7			5
	6		9	8		4			
							7		8

441

					10				
4		8					6	2	9
	5	7	1						3
	8							6	
				7			2		1
						10		5	
			9		3				
7			5	2			4		
5						3			8
9			3	8		1	10		2

442

9	2				1				
				10					
			2	3	4			5	9
				6				7	
	4				9	1		10	
5	10						4	6	
	3		8	7		6	10		2
		4			8				
		6	7		2			1	
				9		4		8	

2 3 4

443

			1					7	
		10			8	1			6
			2	1		5		8	9
	3				6				
		1			7		4		
			5			6	2		10
8		4	7				1		
3		2		10		8			
9			8		3			10	
				2					

444

	9	4							
		5	3			7			
4						2	9	7	
	8			7	3		4		6
9							1	3	
3			5						
		1	7			9	3		10
5						8	6		
				8		1		9	
	6				2	10			5

445

2	10		1				9	7	
			6	5	4				
						9	2		
	5	2		10			1		
5			3	9					1
								6	9
				3		7			2
	1	10		8					
		1				5		3	6
			7			8			

446

	7		8		4			2	10
9	10			2					
	6						4		
10									
	9						5	10	1
5			4	7			9		3
			2					9	
		6		4					8
		1			6			4	
						10			5

447

				3	9			1	
	1		8	10		7	6		
5		8	7				3		
				2					
	10		6			2	4		
	7					8			6
			9	5	8				4
		3					9		5
9						10			
		4		1	2			6	

448

							6	3	
3					7	1	8		10
2	5					3		9	
				7					2
10		5		8	3				
6			9			4	5		
			2	10		5	1		
5	4		3			7			
	7	2							4
					10	8			

449

2				1		8		10	5
5	7				9			1	
	1		10	4		6		8	
		6					4	7	
	4			2	7				6
						5			
			3						8
						3	10		
9		1	8		10	7	3		
4		10		7					9

450

		7			5			4	
			6	3					
			10					8	
				2	1				
	9		7			8			
2			4			5	9		
1					9		4		
8		2		5		10			
6						3	8		
		10	1	9	6		5		

451

1			9	10					6
		3				10			
				9			3		
	5	4			9		8		
6					3		2	7	
			10					8	
7				5					1
	10			6		7	9	5	4
				1			4		
3		6				2	5		

452

			5		1				
	2					8		6	7
			1					2	6
3		7		5		4			
			3						
		8		7			6	1	
5	9								
	1	10		8		3	9		
1		5	6				7		10
				4				8	

453

				9			7		
			1	4	10		8		
	5						9		4
	7				5				
			4				10		6
3			6	10		4		8	5
	1				2				7
		3		7			6		1
1				8	9	10	2		
			7					1	

454

	3					6			4
	10		4			3			
	4		2					5	8
			5	9		10			
6	2							7	
				3			1		9
9			3		7		6		
4			1	7				2	3
	5					4			2
3			8						

455

1				9		2			5
10		2		4					6
						9			
		1	6		3				
	10	7				3	4	6	
					2				8
	3		1		4			5	
2				8			7		3
5			9					1	7
				10			8		

456

	10				1	8	5		
					4		2		
2	5				7				1
	4	9	7			5			
10	9		8						
			1	5		3		10	7
				9				6	10
				10		2	8		
5	1				10		4		
			4				1		8

457

					4	1	7		8
4						10			
				3	6		10	9	
9	6			5		3			
10		9			1		3		
	5		3	1	7				
						4			10
	9	8							
							2		
3	8		10	7			4		

458

				3					7
5				1	3				
	4					7	2		
6		1						8	
3			1			4			
			2		10		3		9
			9	5	8	10			1
		6		8	5				2
2							9	7	
		3				8		6	

459

	2		1				6	4	7
			7			8			
	5	1					10	7	8
		6			2				
			2						9
			3	5			1		
					8		7		
		10				1	9		6
2	1					3			
			9	7		4	5		

460

						5			8
		8		6	7	10			1
6								8	
	3			7		1			
	1		2					5	
		9	3	10		4			
	4			8				6	3
10			1						
			9	2	10				
1		4			8	9			

461

				8			2		3
		9	7						1
		2	1	9		3			
	3	4		10	6	2		7	
			5				6		
	8	10	2			5		1	
	2					7			
	5				2	8	3		
					3			4	8
	4						10		

462

					5	4	1		
4			8						9
	9					3			1
	1		10		8	2			
	10	3			2		4		
			9		3	6			7
3			7	5				6	
8				4					
		1	2	9		7			
		7					10		

463

									6		
1	8		3	10	12					2	9
			10			2	6			5	
	5	11					12				
	2				5	1	4				
		1	8		10		11	2		4	5
							9	5			4
11			5		8			6			2
	3	4			11	6			8	10	
	10				9		8			1	7
			11	12	3		1	4		6	
8						4		9	11		

464

10	6		5	3		2		4	9	7	1
		2			1	7		8	12		
3	1		7						2		
	7	6	8			1					2
				7			4				
	9			2	11	5		7			
					6						4
		3				10		11			
4							7	6			3
7					4	3	2			5	10
11	2	9		12				3	4		
			3				1	2			

특급

465

				5	7				11	12	
12		5									2
	1	3								10	8
9				12	5						
6		10		3		8	11		5		
				7					12		
	7			6	2	9		12	10	1	
	8		12				4				9
	4		12					2	8		
		4	8		11					9	
1			2		3	12	9	4			
5		12			6				2	3	

466

	9		8	6				11			
12		7		9		3	1				4
	11	3			5	4	10				
8	7	2		5	12	6	4		11		
6					10		8				
						8	2				
7	8			4							1
5		9		7	2				4		
			2	10	8						
10		6		1					3	9	
	12		7								5
3							11	7	1		2

467

12			9		2						1
	7	5			8		10		11		
3				4		9					
		3	1	9	12	2	6				
								12			3
		4	12	3						1	7
8	12						11				
	10	9	3								12
6		7	2			4	12		10	9	8
		10			6				5	3	
2								11			
5	3	6		10					8		4

468

8			11		4			7	10	9	
4											
	7		2	9			8		3	5	
		8		12		1	5		6	10	
12	4	1		2						3	7
						9	8				
		12	2		5			4		6	
	5		10		4						
		4		9	12		3				
			8		7	10	6	12			3
11				3	9			10	2		
	10		3				12	4			

469

10					8				1		
				10	12		2		8		
8	5			4		1	9		12		
	3				7		8	12			6
5	1		8		4		12	7		11	9
		9			10				4		
					1	4					5
11	7						6			10	4
	2	5	4						7	12	
1	10									2	4
4	9		6	11							
				8		12	4	1			

470

	5		7	6				9	2	12	
		2	11	7		1		8			3
											6
		4								6	5
11			6	8			5	10	1		12
				10				2	7		
4		11		10				6			2
			5	3		8	1	4			
7			8	11	6		4				
	4	9				12		1		11	
5		10					7				
			12		9	4				2	

471

		8		3	7	9			11		
9		3					10			8	
7			11			4	6				2
	8		4		5	12		3	10	6	
	3			7		11	4			9	
		5				8					
					10			4			
			8	9		7	11	2			12
	12	11		1		5					9
	5	2						1			10
				4			3	6			
6	11	4		8		2					

472

			4		7		9			8	
8						12					5
		9		2				6	1		
	2				8					12	10
		3				2	7	5	9		6
				6					8		
		10		9		1		12			
	3			11		4			10	5	1
			8			3		9	4	6	
	9	8					10	4		7	
			10	4		6	2			1	
2				8		7		10	6		

473

12	2		1				3			10	
	7		3	4			1				9
		10		9				12	8		3
		8			7	2	10				
	1		9			11			6	3	2
					9		6	7	5		4
					11	1	9				
2	9							6		12	
5		11		12		6					
			11			9			3		
9		3		6	12					2	
		2	10	3						6	12

474

		4	3		8			12	5		11
5		2					9			1	
8	9	7				1			4	3	
		10		1			6				5
				3							
11	8	6		2	4			9	1	10	
			7			12	8		10	2	
4				5				7	8		
2		10			7		4			11	
1								2			
10	11				5				9	12	
			9		12		2		11		

250

475

8			2	10			12		1		
		7	6				8				
3			12	6		5	7				9
6		2	10			4				9	
	3							7		5	10
				3			5	1	11		6
				7		6				3	8
9	6		11			8			2		
		10			9	3			5		11
1	12			2		7					
7		9	5			12	3				2
			4	8				12			

476

				6							4
		12				10	7		1	6	
6	7				12	1		5		11	
1		2				7	9	10			
	11	10					8				
										9	2
11	4	7				8	12		3		9
2	9		6								
			12			6		7	4		8
4	12			7			6	2	9		1
	2		3	8		12	10				
		6		1	11				7		

477

11		6	2		3	8		5			4
	4							3			
		7		2	11		4				9
		2	6				8			10	
						7	1		4		
3	7		8	9							6
2		5	9	11	7		3	4		6	1
			7						8		
1		4		8						5	10
12			5	4	10				7		8
9		3							1	4	
	10				2						

478

	8	2			11				3		12
9		1									
	3		11	2			7	8	10		1
		9		8					4	6	5
4		5							9		7
	7			1				12	8	2	
			4			6	8				
						3	12		5	10	
12	5		3		10	2			11		
8		10									11
3				7				10	6	5	2
		11	5	10							4

479

								1			
4				5		12			11		6
		1	9	10	3			2		12	7
		10	7		11		9	8			
					5	8			10	4	
2				6			10		5		
				8	1	4			7	6	
	1	4		11		7		3	9		
	8		5							1	
	10		4	12					2		3
1	3			9	2						
6					7						

480

		1			9	5		10	12	4	
3		2	4	10	6		8			9	
	10			11			12			7	
		9	3			10		5			
12					2	3		11	9		
6	2	11		5					7	3	
		3					5	6			
					11	2					
11	4		6			8	10				
			12				3			11	2
1	3								5	8	
		5			8	12					1

481

11		10	3	8							
				2		4			7	1	3
		7			6				11	9	
	8				5		6	3			
	6			11	1		3	12		7	
			10					5	2		
2			8	1	10		9				
	5	1					12		6		
3			12		11	6	8		9		
		2						9	3		7
	3				9	11		6			
		9							12	10	

482

	9				4		10				6
4						10					
6		10	8	2	12					11	5
	5	3	10	4		8	7		6		
			9		11			5		4	7
	6	4							8		
										10	
		11			5	2		3	9	1	
		12	4	6				7		8	
		6		8		10			7		
			3				4	9	2		1
2	7			12	3			8			

483

				6	9	3		12	10		
9					4				8	11	
		1		12	11						5
	7				2			1	4		
8	4	5									
				4	10					9	8
12			9	8							3
		6		5		10			2		
		3	2					10	11	9	
	12	8				9					1
7		2	11	4			12		6		
1				3			6			7	2

484

2					9		3				6
					6	2		8	1		
		11	9				2				
12		1				3		4			8
	8						1	2	6	5	
	4					8					
7	10				1	9					
5		6	4		8		12	10	3		
	2	12			4			8	9	5	
6	11	3			9						
			5			7			10		3
10		7	12		4						

485

		12						10	3	5	
1			8		11	3				6	7
11		3				2				12	8
		6		5	2				8		
										9	
				4		12		3	11		
3			11		1				12		2
		8		3	9						
7				8		6		5		3	
	4		10		5					11	12
9		5	7				1		6		
			12	2	10	7					3

486

	8		10		3			11			
				11		1	4			2	
	1	3					5				6
	10			12	7	3		6			
6					9						
3					4		6				7
1			4	2				9		3	
		6		1		4			7		11
9		8		5				2	4	1	12
8											3
		7	12				10	1		5	
10	6	5					11			9	

487

7	1			5	2						
11						4	10	5		8	
		6	4				7	11			
			11	10		12					2
9					1		3	12			
		2		4	6				11		
				2		9					12
								1			3
			8		7	5		9		4	
4			7						3		8
	8	5				1		6		10	11
2		12		9	8					7	

488

			6		11	12				8	3
		5	9		7	3			2		1
2	3		12							9	
						8	5				6
		11		3							10
10	9	2		7							
				11			8		10	12	
12				5		9		6	3		
	8		4					5	1	11	
		3	11	6					12		
5				10	12						9
	1		10	4	2		9		6		

489

		10	4		9		7		6		5
			12		5				11		7
	5			4					9		2
4		11	9				12	6			
12	7			3	10		8				
	10			11						4	
							2		4		
		7			6				2		
9	6		3								1
			10		7	9				6	8
			7			12		10	3		9
		9		6	8	3		1		11	

490

8						10	11	6		12	
	12						4				
	1	3									
		11		12	7	2	9	1	8		
		12	9	5		4	8		3		
	7		2		1	9		4		5	11
6						5	12	9	11		
11				2			10	3			
2		5		9				1		10	
	3	1	8		5						
								11	4		
					2		12		8		

491

10		2		1					7		
			11				2			10	9
			4			6	12				
1			9					12	5		6
	4			5	1					11	
	10				2		6	4			
5	8						10				
		7		9			4				3
9					11	3			1		
4	9	8						1			11
	3	6				10		7	2		12
		1			6	4	11				

492

			2	8						7	
	7	6		3		12				9	
		9	4				10				6
3				6	7			5	2		9
		11			8	9		7		4	10
					2				6	1	
		12					7		11		2
			8			5	1		10		
1	6		3						5		7
12		4		9		8					1
	10	3				2	4		8	5	
6	8			7	11		5				

493

	10	1		5	8	11			3		
	7	6									5
			3								
	2		10		12	4		9			
				1		5		7			
	1	4	7		9		2				10
			12			6	8		7		
					11	10				8	3
10							1	4			6
8				7	6	9		2			
		12	1			8	4			6	7
7		9				1		3		10	12

494

9		5	7			10			8		
	3									10	
		10	8	9			3	4		2	5
11			3		5		8				
8		7		10			12	5		3	9
	9								6		11
12					8			9			
	7			5			11	10	3		8
			1	6		3			2	4	
7								8		11	10
		6					7				2
		9	12					6	4	7	

495

		9									5
8				5						3	10
5		10				6					
3	10		8	6	9	4		12	5	2	1
	1						10			7	11
4				12	11		3		10		
					1						
7	2		10	6	5			8			
1	8	12	6	9				11			
	3					5	1		8		
11	5		10	1		9					3
			4	3	7		12				9

496

			9		1						7
	3		11	8			2			9	
	1					6		2	11		
	12				11		5				
	5					7		9			11
		7		2	8	9		6	4		
3				8		4					
		2	6		1		4		5	10	
1				2	10	6				8	12
	11	8		3				7			
10	9				5				11		1
			2					8			

497

5							2			12	
1	7	8									5
			12				10		7	9	
3		9	11		2		7		6		12
	6		4				9	2		8	10
		1			3						
		6	1		12		5				11
11	12	5			10	3			1		
	2										
	1					5		3		7	
		4			1			5		11	8
		12			7		3	1	10		4

498

10			11			5	3				2
	8		6				9		11	7	
3			7					4	6		
	12		5			3					
6	9	2		10	7				4		1
		7				4				3	
		8	5		2		12			1	4
	6		2		8	12		5	9		7
12	5				4		3				
		8			1	10		6	5		
			12			6					
		6							3	8	12

499

8			2	11						3	
	3				4	5		10	6		
5	7		10		12				11		9
2		10					4	8			3
7			12		3	8			10		
				10	6		2		12		
				12					8		
			9		10			12		7	6
	2						3				
10	4	5			8			11			
	9				2					8	
11						3		6	4	9	

500

					10					2	
		7		12	8					1	9
	3	6		1			9				4
12	5				3		8			11	
7	6			4		11		5			12
			2			7				4	
		3	7					9	4		
	10			11							
	2					10	1	3	12	5	
	7	1			11	8		4	10		
11			3	7		12					5
		5			2						

501

		3			8			12			6
					12	5	1				
5			6						8	11	3
			1								12
			12	4		6		9	7		
6	10			12				2		4	11
		5		7	1		6	3			
2			7	9							
		8						5		1	7
	12			11			10			5	4
	11	6			2			10			
			2		4	1				6	12

502

2	5		12					4	7		10
	7			9	11					6	
	11		10		4		7		8		
			7	4		8	2	9		1	
	9	4			5	12					
5								3		2	
		11			10		6			5	
7			1					2	4		8
									12		
4		10		5	3	9	8				6
			8	1				11			
						10	4		3		

264

503

11	8		3								
					8	9		2			10
		12		3			5			7	8
	3		7	6		11	4				
								9	12		5
9			4	12	5						
					12						
			6				10		9	5	11
1		7	10					6			
	1	6		8	11			5		9	
	5			7		2			11	6	
			12		3			10			

504

4						11	6				
		12			9	2					
7			1					6		5	
		10	12		7		2	4	5		
	7		5			4	1		10		
2			6		10			7			
								10			
1			10	7			11				
5	3	7		10					1		8
3		11		8			10			6	
		8			6	7					1
			2		4	1	3				9

특급

505

		1		6		2		10	7		
6	2		5	11				1			
	8					12	3	11		6	2
10		7		2		6			11	5	
	5								3		12
3	11						7				9
5	7	11		4							1
8							10		9		
	4			9	7				6		
	1	12									11
4							2		12		
				5	12			7	1	2	6

506

3				1	9	12					10
1		7		4		10			11	3	
			2	7					6		1
2					1	8				9	
12				6				8	3		
	8	5	9		7	3		10	2		
		2				11			9		
					5						8
10	4	1		3		9		6	12		
				12	7	2					
	3	9	7	11			5		8	6	
8								1	5		

507

		4		7		9			8		
8					12						5
		9		2			6	1	10		
	2				8					12	10
		3				2	5	9			6
				6					8		
		10		9		1		12			
	3		2	11		4	12		10		1
			8			3		9	4	6	
	9	8					10	4		7	
			10	4		6	2			1	
2				8		7		10	6		

508

		8		3	7	9			11		
9		3					10			8	
7		10	11				6		3		2
	8		4		5	12		3	10	6	
	3				7		11	4		9	
		5				8					
				10			4				
		8	9			7	11	2			12
	12	11		1		5					9
	5	2					1				10
			4			3	6				
6	11	4		8		2					

특급

267

509

	5		7	6				9	2	12	
		2	11	7		1		8			3
										5	6
		4								6	5
11			6	8			5	10	1		12
					10				7		
4		11	3	10				6			2
				3		8	1	4			
7			8	11	6		4				
	4	9				12		1		11	
5		10					7				
			12		9	4				2	

510

10					8				1		
7				10	12		2		8		
8	5			4		1	9		12		
	3				7			12			6
5	1		8		4		12	7		11	9
		9			10				4		8
					1	4					5
11	7						6			10	4
	2	5	4						7		
1	10								2	4	
4	9		6	11							
				8		12	4	1			

511

8				11		4			7	10	9
4											
	7		2	9			8		3	5	
			8		12		1	5		6	10
12	4	1			2		5			3	7
							9	8			
			12	2		5			4		6
		5		10			4				
			4		9	12		3			
				8	4		10	6	12		3
11					3	9			10	2	
	10		3				12	4			

512

12				9		2					1
	7	5			8		10	4	11		
3				4		9					
		3	1		12	2	6				
								12			3
		4	12	3						1	7
8	12						11				
	10	9	3								12
6		7	2			4	12	5		9	8
		10			6				5	3	
2								11			
5	3	6		10					8		4

513

	9		8	6				11			
12		7		9			3	1			4
	11	3			5		4	10			
8	7			5	12		6	4		11	
6					10			8			
						8	2				
7	8				4						1
5		9		7		2				4	
			2	10	8						
10		6		1					3	9	
	12		7								5
3							11	7	1		2

514

					5	7			11	12	
12		5									2
	1	3								10	8
9					12	5					
6		10		3		8	11		5		
				7				10			
	7			6		9		12	10	1	
	8		12				4				9
	4			12				2	8		
		4	8			11				9	
1			2		3	12	9	4			
5	11	12			6				2	3	

515

10	6		5		12	2		4	9	7	1
	4	2			1	7		8	12		
3			7						2		
	7	6	8			1					2
				7			4				
	9			2	11	5		7			
					6						4
		3				10		11			
4							7	6			3
7					4	3	2			5	10
11	2	9		12				3	4		
			3				1	2			

516

									6		
1	8		3	10		5				2	9
			10			2	6			5	
	5	11					12				
	2				5	1	4				
		1	8		10		11	2		4	5
			6				9				4
11			5		8			6			2
	3	4			11	6			8	10	
	10				9		8			1	7
			11		3		1	4		6	
8						4		9	11		

517

6	12			5			8				3
		9			6	1				11	
				9	12					1	5
		10					7		11	4	
5			4				1	7			
		11	8			4		3	1	9	10
				8		5	12		7		6
1			6			7			5		
	7		2			6	3				
4		7			11		9		6	12	
11						8		2			4
	1									5	8

518

			4			6	7			1	2
12			10	11			5		7		
	8	7		3	12		2			6	
	12		3		5	4					
4					1			8	9		
			8		6					2	
11	4		7			5	9	10			
	3					8				9	
5			9	10		2		7	8		
	11			5	8						
		4	12					6			
		2				10			3	4	11

519

4		11		8	1				6		9
9		12						3		4	
	3	8			12	6				10	
1	8		5								4
6			3	9				8	10		12
11		4			7		10	5		2	3
									12		
							4			7	
			12	1	3	10			11	8	2
		5									10
	7	3		2							
8						5			9		1

520

	12			1	5				10		
	9							6	11		
	2	3		10	12		4	8		1	7
		11					7			6	
7	1							5			
				8		1	5	11		4	3
6	7			9		3					12
		10	8				11				
				12			8	7			
	6	7	2		4					9	11
	8	4						2			
1			12		9		10				

521

	2		3	5				13				12			11
	6				2				8		3	4		14	
		12	14		4	8	11			16					
			11						2		10				16
	14	8				4		12		13					1
		5		3	15			9			1	6			12
15					11	6	1		14			10			
		1	9	8						4		16	15	11	
		7													15
2		11		6	14			3		7				5	10
					8		5						6	13	
3	10		8	1				6	16	9		2	11		
14		6	15		12		8			1			10	2	
		16			1			15							
				3	13				5		7	15			8
11	4	2		15		10	6		12		13		1		5

522

	7			11											6
	14	3				6	5			1		16			
1	4		12			16			6		8	9			5
11				14	12		1	16		3	5			7	10
7	3					2				10	14	13			11
	15		14		8	1								5	7
16		12								6		15	1		
			11							13	12		2	16	9
				12		7			3		16		11		
		11	7	5	1		15		12						
	12		5			14	3	4							
	10		2	6				14		7					12
10		15					4	9		16		11		14	
	9			10			16	3		14			5	8	1
14		4				13			5		10		15		
5					3	12		6	1		4		13		

523

	4				3		8		16						10
7	9				10	5	11		6		1	15			
1						12		4			13		11		
		2	15	9				7		1				8	4
11		6			16	14			2				4	1	
10	1		2		11		4		13		6		7		
		15			7	4		12					11		9
		13		10			3	11	15		8				
	16			14			6						2	9	3
15	2	11				8		16	3			5	10		7
	5			1					4						
6	9	14	8							11	12			15	
	1			7											6
	12	16					11						14	13	
	14		7	8		12	6				15				
8				5		14	16	12			3		1	4	11

524

7	15			5			2						13		
	5		11				8	13							1
2									1				14		
		6			4				16		7	9	3	5	
	2					7					5		6		
		1		12	8		14	6	15		9	10	2		
8	6		7			10			4	3		11			9
12				6	13		1						15		
		2		13	9	8	6				1		11		12
		5				1				13		2			4
6							5						9	10	
10	13		12	15	3		4			9		1	5		16
4	10					6		3	9	11				13	
		8							7			6		3	
3				14	1		9	16	6	8			4	2	11
1						15	16	5			2				

525

8	6		15		3	13	5	11			7	10		14	
		4			7			6	8		12		3		
			2							5			15		13
				9	8	6		2		14			12		
		7			6	16	11		1	8					
			5				7		9		13				
		5	14					4	7	12				1	
1	9				14		16			6			5		
	13	2	7	1		8	9	12			4				15
	14	3		16	10					15		13	11		5
10			12	2			15		14			1			7
										1	2	12			
			9		4	11		8		10					3
		10				9	1			7		15	5		6
7	2						13		12		9	11			
4	5	1	11	10	15			13			14			7	8

526

14			12	2			16				10			8	
1					12	15		16	7				4		
	13	7							2			16		15	
	4		2			10						6	9		
	1			16	7			11							
		5	15				4	7		16			8	9	1
	12	4		8						10					5
7	2				3	9	12	4	8			15	13		16
2			4	14			11		10	8			15		
						2			16			9		4	
		10		3		12					1				
				10	1	5		12	13		4			6	2
		6	1							5		13		12	
13				5	15		14				9	4			
4			5	12		13			1			10		11	8
15		2		4	8		1		3	7	12		5		

527

	1				9		7	10				5			
	11			2			6		8	12					
	10			11				16					1	7	4
9		5		16	4	15	14		3		2			8	
		3			16	1				4		15		2	
2			5		6	13									16
	7		11		8			12	14	16				9	5
						3	12			5	7				6
		16	13			8	1	7		9					
		9		15					12	1		2	14		
		8		14		11	9	2	6				7		3
	6		14	5									9	4	8
11								14				7		10	
10		14	9				16					3	5		
			6		15	14		8		11	5	4	13		
5	12			3		4			9				15		11

528

		10	16								8	2			
			9	5	1		15	12	10						4
					12		13	11	9	5				8	15
	15		11		9					2		10	3	12	
		15			11	14			2		16				1
8	12		1					5	6			15			
			4	12	8	16		11		15	14		13	10	
		3	14		6						7				2
		14	2	3	10	4						1	11		
	4					13		2	5	10	12	6	9	3	
9		5	15			1		8			3				
				7			8		13		4				
3	1					9	7		4						
15		12			8			9	16						
				16	5				3		6				11
16	11	4	7		3		2			12		5			

529

	14		15	5	9		13	2	16		4			3	
11	3							12	8		5			9	
9		5		1		8				11					7
		1		14	7							10			
15		6						5					8	1	
	1				2	6	16	12	4						
8			4	12			9	13					11		3
2	12		9	3						1		7		16	
					16			15			7	11		5	
					7		6		16			13		14	4
12		15		3	9					10				8	
	13		3	6			9						15		10
	16		12		14		5	1	10		6				
13	8			5	3		7			6		1	12	16	
	6	7		1		12		14			9	5			
	10	1	7			6									14

530

		2	14						5	15		7	13		3
15	9			3				4			1			16	
		11		8									4		
			6		4							12	9	1	
	2		8	1					12	11	5			3	
14					12	9					4	1		13	
13		11		3		8				9					
			4	16	5	15	1	3	8				6	12	
3		14		12			10				7		16		15
		9	5		14		8				3	4		12	
	12	4	15	9									6		
	8		7	6			15					3	2		
11			12		8				10			6		1	16
	13		16			4		1				2			
		3	15			1	6			14				8	
12		8	7				3	13				11		10	

531

15	6		13						12		16				8
		8		11		15	13			1		6			
	9		14		12			11	3			5	7		4
12				7		5							3	2	
			2	5						15		7		6	1
8		13				12	4			7	5				2
		7						9				12			
9	1	16	5		14		7					8			3
					2					14		9		16	
14		6			5		1	3	8		10				12
	5		12											3	
10					8		9			12		2	1		11
		5			10		8	6					2		
3						16		14		8					
	14	11			7	6	5		10			4	13		15
1				2							13	16			

532

				3	12	14			9				10		1
	6		16			9			13				8		12
	5			11			13	12			6			4	
	9	11						5			1				6
			13		7	12			5			16	14		8
		12		16		10		1					4		7
	4				6			9			7	2		15	
6	7					3			2						
				12		4				15		1		8	11
						11	3		16	5				13	
8		16	14	6								7	12		
7					10		16		1	13	12				
14		3			11					1			6	16	9
	10		8	4			7	15						11	5
		9					10			8	5				
1	16			8		6		2	4		11	15		10	

533

1		5			16		3			11	15			7	
3		9		4			10		7		13			6	
			14	7			16	6			2		15		
4			15			11			14	9					
12				7			13	9		6				11	3
		2	11		1					4			7		8
6		15				3		11				4		9	
14			3	11	5		15			7					
7					2	8	5		1	4		10			9
		3		1			13			10			16		
			9		13	16			3	8					
	8		2	3			5	7			13	15			12
			10		9		1	13				4	3	7	
		7		13						11					
			14	16	4		6	2	9				8		
			1			5		16		7				10	

534

	14			5		1					12	11		7	15
		8	5	9	10			1		11				3	
	1				6		14								9
		9	10		8			15			16	1	4		14
4					9			11			8			2	
								12	15		7	13	1		
1			6		3		4				5				
	13					10				1		15	3	16	
	7				14	9						3		12	
		1		12						16	13				2
12					2				8		11			15	1
				6	1	4		9					10		13
	12	6			13		3		14						
9		4	16	11		6		13					14	8	
5						10		2		9	6				
		11		1	5		9	3	16		15		2		12

535

			10	12								3		5	
	16	15		2	7		14		12		5				4
						15				7			8		
				11				1	3		10			15	14
		1		9		14		6	5		3			10	
7			6			5					9		2	8	
					4				7	13			11		
10		13	4		11					1	14		12	9	3
1		2			13			8		16					12
	4			10		9	6			14		2		7	
9					1							8		6	
		12	15		14				2		1				
			14			2		9	1	10	7				
12	5			3	10	1	9			6					
16		6	8				13	3	11		2		15	12	
	7	10		8		6						1		3	

536

	15			6		5	16	13				9			
			5		11		2			3		10			
					9	3			7	4		6		13	2
	1		6	14									3		
						1	12		2	13	7				10
	11		13	5	14				6						
			1				14		7				6	8
						6	16		15		11			
			11		13			8		9		16	12	
6	3					9			5	2	1		10	
		9	11	10	2		8	15	1	13					6
15					1	5		4						13
2	6	10			15			8				13	11		16
		12			8		11						6		
	16	5	9	2	1			3			12	8		14	
1						10		9		16		3			12

537

				15			3		6			2			10
	3	10		11			6			13	9	4		1	
2		1				12			5						11
			5			8			1		10		13		
						9	2			6	12				3
		13	6	3			5					10	15		
10			11				12	7	16		4				
		2							13	9		14	7	12	
		14		12			8			1		3	2		
			2		10			5		3		8		11	7
5		12			11		13		10					14	16
	11					15		14			2		6	10	
						3			9		7	13			1
			12	9							11			15	6
			7		13		10						11		
6	1		15	5		11		13		10	14	12	9		8

538

6				14									12	3	
	7	13			3			10	11				2		
	10		3	9	5					6	15	8			
		2		7		13		5		1					
				13	10			14	2					6	
						7	12		15		14				
16	5	6			8			10			1		9		
		11	4		15	2	7				3	8		5	10
	14			4							10				
		8		1		7						9			15
								3	1		10		8		
9	15	16		3					6		8		4	1	
8						14		12				3		9	6
15			16			1			9			4			
	9		16		2				3	7	1	15			
12	6		14	10		9					4				16

539

1	4			3	2	14	7			6	11			15	
6		7	5					8		9					
	14			9	8			13						10	
	8						4		3				14	6	11
			7	5		8					14	16			
16			12		7		2						4	9	
	2				9				8		5	14			
9		8			4			12		7				13	
7				16	3	4						15	1		
10	1									2			9		5
		4	9				5		16						
5			8	7	10		12						2		13
		14			1	9					10	2	6		
			11	2		7	10	1							4
	9		3						7		15	1	8		16
		2		8		5		14			9			3	

540

	4		11		3			2	10						12
	6					9		8			13		2		
					12		15	6			5	7		11	
												1		6	
10					16	7				8	3			14	
		1	2			11	4		6				5		7
					5			4				3			2
13	16					3				10	2				
	1	14								11	15	8			3
5		12		3		8			9			4	15		11
	13		3		4	16			2		7				9
4	7		16				9			14			6	2	13
	15	2	14		9				5	6		11	3		
3		10		6		2	11			13			7	15	5
			12	15				11	16		8	10			
			9		8	12	14		15				13		

541

		10	3	7	8		13		2	14		6			15
15					2			5	9			13	12		16
		12	6	9											
			2				11	7	6		3	8	1		10
			13		3		1			4		5	9		2
4	3			5		7		14					8		
	5	7								2	6			3	11
16			12				14				13	15			
12	1					15				10	16		7		
	14	16		2	6		4	11						10	
7					16					3		2		11	9
		6		12				13				3		1	
				3		2		10		7			6		
13	11				4		7		16			10	2	15	
						11		8		6					
		9			12	8				15				5	

542

			13	2		15			16						7
15	3		9	7			16		14		1			4	
		4			11		5				9				
12	7		2		14				6	8			10		
10			15		4		14								9
11		9		3				4					1	16	
		2	10				7	13		1	12				
4	1		5		2	9	12			3		13			8
	8	13					9				2		3		
		12						10	3	4		6		7	1
				10		2		6		9					
6	4			16				7			11	9	5		2
9			14						1			3			
	5		1	6			13							11	14
13			5		2					6			7		
		6										4	2		

543

	4								9	13					
2				11	7		4		5			1			
15			14		3	8		12		6		11	9	7	
	11		2		9		15	8							
7		12		13	5			1						3	
						2	7			12		13			
4	15		8	3		1		10		2	14		7		
				16		4							2		5
	14	4				11				16	5	13			9
	8	15		9			13	11	7					14	4
			1	7		10									
	13	9					5	14	4	12		2		11	8
			12								2		3	4	1
12		3	6		2		9	1	10		4	7		16	
13							3			6			5		14
1				16	14			11			7	6	12		

544

3			8	10				15		16		1			9
15	13		12			2	7		9					16	
			14	6	1			12		3					
	10				9		8		6			2		15	
						3	6						11	7	
		8	16		14	11		4	3	5				10	
		10	7	1					11			6			5
5					4		15	2			6		8	1	
	15				2				10	11	3				6
			11			12	10	5	14			7			16
2				9		7							4		
13		9					5	8		2			10		11
	8									10	7	15			
11			3	8	13			16				4		9	
		2			9			3	1		8			11	
16				11					2		4				

545

	7				11										6
		3			6	5			1		16				
1	4		12		16			6		8	9				5
11				14	12		1	16		3			7	10	
7	3				2				10	14	13				11
	15		14		8	1								5	7
16		12							6		15	1			
			11						13	12		2	16	9	
			12		7			3		16		11			
		11	7	5	1		15	12							
	12				14	3	4								
			2	6				14		7					12
10		15				4	9					11		14	
	9			10		16	3		14			5	8	1	
14		4			13			5		10		15			
5					3	12		6	1				13		

546

		4				3		8		16					10
7		9				10		11		6		1	15		
1							12		4			13			
			2	15	9				7		1			8	4
11		6					14			2			4	1	
10	1			2		11		4		13		6		7	
			15			7	4		12				11		9
		13		10				3		15		8			
	16				14			6					2	9	
15		11				8		16	3			5	10		7
	5				1					4					
	9	14	8							11	12			15	
		1			7										6
		16					11						14	13	
	14		7	8		12	6					15			
8				5	13		16	12			3		1	4	11

547

7				5			2						13		
	5		11				8	13							1
2									1				14		
		6			4				16		7	9	3	5	
	2					7					5		6		
		1		12			14	6	15		9	10			
8	6		7			10			4	3		11			9
12				6		4	1						15		
		2		13	9	8	6				1		11	15	
		5				1				13		2			4
6							5						9	10	
10	13		12	15	3		4			9		1	5		16
4	10					6		3	9	11				13	
		8							7			6		3	
3				14	1		9	16		8			4	2	11
1						15		5			2				

548

8	6		15		3	13		11			7	10		14	
		4			7			6	8				3		
		2								5			15		13
			9		6			2	10	14			12		
	7				6	16				8					
			5				7		9		13				
		5	14					4	7		3			1	
1	9					14	10				6			5	
	13		7	1		8	9	12			4				15
	14	3	1		10					15		13		2	5
10			12	2			15		14			1			7
											1	2	12		
			9		4	11		8		10					3
		10				9	1			7		15	5		6
	2						13		12		9	11			
4	5		11	10	15			13			14			7	8

549

14			12	2			16				10			8	
1					12	15		16	7				4		
		7							2					15	
	4		2			10						6	9		
	1			16	7			11							
		5	15				4	7		16			8	9	1
	12	4		8						10					5
7	2				3	9		4	8			15			16
2			4	14			11		10	8			15		
						2			16			9		4	
		10		3		12					1				
					1	5		12	13		4			6	2
		6	1							5				12	
13				5	15		14				9	4			
4			5	12		13			1			10		11	8
15		2	10		8		1		3	7	12		5		

550

	1			9		7	10			5					
	11		2				8	12							
	10					3	16					1	7	4	
9		5		16	4		14		3		2		8		
	3			16	1				4	15			2		
2			5		13										16
	7		11		8		12	14					9		
					3	12			5	7					6
		16	13		8	1	7		9						
		9	15				12	1			2	14			
					11	9	2	6				7			3
	6		14	5								9	4	8	
11							14				7		10		
10		14	9			16					3				
		6		15	14		8		11	5	4	13			
5	12			3		4		9				15		11	

해답

001

6	1	4	5	3	2
3	2	5	4	6	1
4	6	3	2	1	5
2	5	1	3	4	6
5	4	6	1	2	3
1	3	2	6	5	4

002

2	5	3	1	4	6
4	6	1	5	3	2
1	3	4	2	6	5
5	2	6	4	1	3
3	1	5	6	2	4
6	4	2	3	5	1

003

3	1	6	5	4	2
2	4	5	1	3	6
4	6	1	2	5	3
5	2	3	6	1	4
1	3	2	4	6	5
6	5	4	3	2	1

004

4	6	5	3	2	1
2	3	1	5	4	6
5	4	3	1	6	2
6	1	2	4	5	3
3	5	6	2	1	4
1	2	4	6	3	5

005

4	1	6	3	5	2
3	2	5	6	4	1
2	4	1	5	3	6
6	5	3	2	1	4
5	6	4	1	2	3
1	3	2	4	6	5

006

4	2	5	3	1	6
6	1	3	2	5	4
2	3	1	6	4	5
5	6	4	1	2	3
3	5	2	4	6	1
1	4	6	5	3	2

007

4	5	6	1	3	2
3	1	2	6	5	4
1	6	5	2	4	3
2	3	4	5	1	6
6	4	1	3	2	5
5	2	3	4	6	1

008

1	4	5	6	2	3
6	3	2	1	5	4
5	1	3	2	4	6
2	6	4	5	3	1
3	5	1	4	6	2
4	2	6	3	1	5

009

2	1	5	4	6	3
4	6	3	1	5	2
6	5	4	3	2	1
1	3	2	5	4	6
3	4	6	2	1	5
5	2	1	6	3	4

010

6	2	3	4	1	5
5	1	4	2	6	3
3	4	1	5	2	6
2	6	5	1	3	4
4	3	2	6	5	1
1	5	6	3	4	2

011

6	3	2	5	4	1
1	4	5	3	2	6
5	2	4	6	1	3
3	6	1	2	5	4
4	5	3	1	6	2
2	1	6	4	3	5

012

1	3	6	4	5	2
2	4	5	6	1	3
6	5	3	1	2	4
4	1	2	3	6	5
5	6	4	2	3	1
3	2	1	5	4	6

013

6	3	5	4	2	1
2	4	1	3	6	5
3	1	6	5	4	2
4	5	2	1	3	6
5	6	4	2	1	3
1	2	3	6	5	4

014

5	3	6	2	1	4
2	4	1	3	5	6
4	6	5	1	3	2
3	1	2	4	6	5
1	5	4	6	2	3
6	2	3	5	4	1

015

4	1	2	5	3	6
3	5	6	4	1	2
2	3	4	1	6	5
5	6	1	2	4	3
6	4	5	3	2	1
1	2	3	6	5	4

016

3	4	5	1	6	2
6	1	2	3	5	4
5	2	3	6	4	1
4	6	1	2	3	5
2	3	4	5	1	6
1	5	6	4	2	3

017

3	6	4	1	5	2
5	1	2	6	4	3
1	3	6	4	2	5
4	2	5	3	6	1
2	4	1	5	3	6
6	5	3	2	1	4

018

3	6	2	4	5	1
4	1	5	3	6	2
6	4	3	1	2	5
5	2	1	6	4	3
1	5	4	2	3	6
2	3	6	5	1	4

019

1	6	2	3	5	4
5	3	4	6	1	2
3	2	1	5	4	6
6	4	5	1	2	3
4	5	3	2	6	1
2	1	6	4	3	5

020

5	3	1	6	2	4
4	6	2	3	1	5
6	5	4	1	3	2
2	1	3	4	5	6
3	2	6	5	4	1
1	4	5	2	6	3

021

6	1	5	2	3	4
3	4	2	5	6	1
4	3	6	1	2	5
2	5	1	3	4	6
1	2	4	6	5	3
5	6	3	4	1	2

022

5	3	1	2	4	6
6	2	4	1	3	5
1	6	2	4	5	3
3	4	5	6	1	2
2	1	3	5	6	4
4	5	6	3	2	1

023

1	3	4	5	6	2
5	2	6	1	3	4
4	1	2	6	5	3
6	5	3	2	4	1
3	6	1	4	2	5
2	4	5	3	1	6

024

6	1	3	2	4	5
2	4	5	1	3	6
1	3	2	6	5	4
4	5	6	3	1	2
3	2	4	5	6	1
5	6	1	4	2	3

025

6	5	2	1	4	3
3	1	4	6	2	5
1	4	5	2	3	6
2	6	3	4	5	1
5	2	1	3	6	4
4	3	6	5	1	2

026

3	4	2	1	6	5
5	6	1	2	4	3
2	1	6	3	5	4
4	3	5	6	2	1
6	5	3	4	1	2
1	2	4	5	3	6

027

6	5	2	1	4	3
3	1	4	5	2	6
5	4	6	2	3	1
1	2	3	4	6	5
2	6	5	3	1	4
4	3	1	6	5	2

028

6	3	2	4	5	1
1	4	5	6	3	2
4	6	3	1	2	5
2	5	1	3	6	4
3	2	4	5	1	6
5	1	6	2	4	3

029

2	1	5	3	4	6
4	3	6	5	1	2
5	2	1	6	3	4
3	6	4	2	5	1
1	5	2	4	6	3
6	4	3	1	2	5

030

4	1	5	3	6	2
3	2	6	1	4	5
6	3	4	5	2	1
1	5	2	4	3	6
5	6	3	2	1	4
2	4	1	6	5	3

031

8	2	9	5	3	1	7	4	6
7	1	5	4	8	6	9	2	3
4	6	3	2	7	9	1	8	5
1	4	8	3	5	7	6	9	2
9	5	7	6	2	8	3	1	4
6	3	2	9	1	4	8	5	7
2	9	1	7	4	3	5	6	8
3	8	4	1	6	5	2	7	9
5	7	6	8	9	2	4	3	1

032

3	2	7	8	9	5	6	1	4
4	8	1	7	2	6	5	9	3
5	9	6	3	1	4	2	8	7
2	3	5	1	6	8	4	7	9
6	1	8	9	4	7	3	2	5
7	4	9	2	5	3	1	6	8
1	7	2	5	3	9	8	4	6
8	5	4	6	7	2	9	3	1
9	6	3	4	8	1	7	5	2

033

4	3	2	6	1	5	8	7	9
7	9	5	2	3	8	1	6	4
1	6	8	4	9	7	3	2	5
3	8	9	1	5	6	7	4	2
6	4	7	8	2	9	5	3	1
2	5	1	7	4	3	6	9	8
8	1	3	9	7	2	4	5	6
9	7	4	5	6	1	2	8	3
5	2	6	3	8	4	9	1	7

034

6	7	9	8	4	1	3	5	2
3	4	5	7	2	6	9	1	8
2	1	8	5	3	9	4	7	6
7	3	2	6	5	4	1	8	9
5	9	6	1	8	2	7	4	3
1	8	4	9	7	3	2	6	5
4	6	7	2	9	5	8	3	1
9	5	3	4	1	8	6	2	7
8	2	1	3	6	7	5	9	4

035

4	7	6	8	5	1	9	3	2
8	2	3	9	6	7	5	4	1
9	5	1	3	4	2	8	6	7
5	8	9	2	7	6	4	1	3
2	3	4	5	1	9	6	7	8
6	1	7	4	8	3	2	5	9
3	4	2	7	9	5	1	8	6
7	6	5	1	2	8	3	9	4
1	9	8	6	3	4	7	2	5

036

4	1	7	2	3	9	6	8	5
9	6	2	8	5	4	3	1	7
5	8	3	6	1	7	9	4	2
3	9	8	7	6	2	1	5	4
7	5	1	3	4	8	2	6	9
2	4	6	1	9	5	8	7	3
6	7	9	4	8	3	5	2	1
1	3	4	5	2	6	7	9	8
8	2	5	9	7	1	4	3	6

037

5	1	8	7	4	6	2	3	9
6	2	4	9	5	3	1	7	8
3	9	7	8	2	1	6	4	5
2	7	5	6	1	4	8	9	3
9	4	6	3	8	7	5	2	1
8	3	1	2	9	5	7	6	4
4	6	9	5	7	8	3	1	2
1	8	3	4	6	2	9	5	7
7	5	2	1	3	9	4	8	6

038

4	2	8	7	3	6	1	9	5
9	1	7	4	2	5	3	6	8
6	5	3	8	1	9	7	4	2
3	7	9	1	8	2	6	5	4
5	6	2	9	4	7	8	1	3
8	4	1	6	5	3	9	2	7
2	8	6	3	9	4	5	7	1
1	9	5	2	7	8	4	3	6
7	3	4	5	6	1	2	8	9

039

5	2	1	9	6	8	7	3	4
6	8	4	2	3	7	1	5	9
7	9	3	5	4	1	6	2	8
4	3	6	7	8	2	9	1	5
9	5	2	6	1	4	3	8	7
8	1	7	3	5	9	2	4	6
2	4	8	1	7	6	5	9	3
1	7	5	8	9	3	4	6	2
3	6	9	4	2	5	8	7	1

040

5	2	7	9	6	3	1	4	8
9	1	8	5	4	2	7	6	3
6	3	4	8	7	1	9	2	5
3	4	1	7	9	5	6	8	2
7	5	2	1	8	6	3	9	4
8	6	9	3	2	4	5	1	7
4	8	3	6	1	7	2	5	9
1	9	5	2	3	8	4	7	6
2	7	6	4	5	9	8	3	1

041

5	9	6	8	7	4	3	2	1
4	8	2	3	5	1	6	9	7
7	1	3	6	2	9	8	4	5
8	4	1	7	9	3	2	5	6
2	5	7	4	8	6	1	3	9
6	3	9	5	1	2	7	8	4
3	2	5	1	4	7	9	6	8
1	6	4	9	3	8	5	7	2
9	7	8	2	6	5	4	1	3

042

4	8	5	9	1	3	2	6	7
6	1	7	8	5	2	4	3	9
9	3	2	7	6	4	1	5	8
8	6	9	3	4	7	5	1	2
2	7	3	1	8	5	9	4	6
1	5	4	6	2	9	8	7	3
7	9	1	5	3	8	6	2	4
5	2	8	4	7	6	3	9	1
3	4	6	2	9	1	7	8	5

043

5	4	8	6	2	7	1	9	3
3	9	6	1	5	8	2	4	7
2	7	1	4	3	9	6	5	8
7	6	4	2	9	5	3	8	1
8	1	3	7	6	4	5	2	9
9	5	2	3	8	1	7	6	4
6	8	5	9	7	3	4	1	2
1	3	9	5	4	2	8	7	6
4	2	7	8	1	6	9	3	5

044

9	5	3	8	1	2	4	7	6
6	7	8	4	3	5	2	9	1
4	1	2	9	6	7	3	8	5
2	4	6	1	8	9	7	5	3
5	3	9	2	7	6	1	4	8
7	8	1	5	4	3	9	6	2
1	6	5	7	2	4	8	3	9
8	9	7	3	5	1	6	2	4
3	2	4	6	9	8	5	1	7

045

5	1	6	9	2	8	4	7	3
8	9	7	3	4	1	5	2	6
3	2	4	6	7	5	9	8	1
1	5	8	4	9	6	2	3	7
4	7	9	1	3	2	8	6	5
2	6	3	8	5	7	1	9	4
9	8	1	7	6	4	3	5	2
6	3	5	2	1	9	7	4	8
7	4	2	5	8	3	6	1	9

046

9	1	4	6	8	2	3	5	7
3	5	7	1	9	4	6	2	8
8	2	6	5	7	3	9	4	1
6	3	8	7	4	9	5	1	2
1	9	5	8	2	6	4	7	3
7	4	2	3	1	5	8	6	9
4	7	3	2	6	8	1	9	5
5	6	1	9	3	7	2	8	4
2	8	9	4	5	1	7	3	6

047

8	3	2	9	4	5	6	7	1
9	7	1	3	6	8	4	5	2
6	4	5	1	7	2	9	8	3
7	1	9	8	3	6	5	2	4
4	2	8	5	1	7	3	9	6
3	5	6	2	9	4	8	1	7
2	9	3	6	8	1	7	4	5
1	8	4	7	5	3	2	6	9
5	6	7	4	2	9	1	3	8

048

9	6	8	7	2	4	5	1	3
5	2	4	3	6	1	7	8	9
1	7	3	9	5	8	4	6	2
6	8	7	2	4	3	9	5	1
2	4	9	1	8	5	6	3	7
3	5	1	6	7	9	2	4	8
4	9	6	8	1	7	3	2	5
8	3	5	4	9	2	1	7	6
7	1	2	5	3	6	8	9	4

049

4	5	6	7	1	3	2	9	8
9	8	2	5	4	6	1	3	7
1	3	7	8	9	2	6	5	4
7	2	9	1	6	8	5	4	3
5	6	3	4	7	9	8	1	2
8	4	1	3	2	5	7	6	9
6	1	8	2	3	4	9	7	5
3	9	5	6	8	7	4	2	1
2	7	4	9	5	1	3	8	6

050

9	2	1	3	8	4	7	6	5
5	4	3	6	2	7	9	1	8
6	8	7	5	9	1	2	3	4
8	3	4	1	7	9	5	2	6
2	1	9	8	6	5	4	7	3
7	5	6	4	3	2	1	8	9
4	6	2	9	1	8	3	5	7
1	9	8	7	5	3	6	4	2
3	7	5	2	4	6	8	9	1

051

1	5	3	2	7	8	9	6	4
8	4	9	6	5	3	1	7	2
6	7	2	9	4	1	8	5	3
9	8	6	4	1	7	3	2	5
7	3	1	8	2	5	4	9	6
5	2	4	3	6	9	7	8	1
2	9	8	5	3	4	6	1	7
4	1	5	7	9	6	2	3	8
3	6	7	1	8	2	5	4	9

052

5	9	3	8	7	6	2	4	1
7	8	6	2	1	4	3	9	5
4	2	1	3	5	9	8	7	6
1	3	7	9	6	8	5	2	4
2	6	8	5	4	1	9	3	7
9	4	5	7	3	2	1	6	8
6	1	9	4	8	3	7	5	2
8	7	2	6	9	5	4	1	3
3	5	4	1	2	7	6	8	9

053

2	9	1	8	3	5	6	7	4
4	6	8	7	9	1	5	3	2
7	3	5	2	4	6	9	1	8
6	2	7	9	1	8	3	4	5
9	1	3	5	7	4	2	8	6
5	8	4	3	6	2	1	9	7
3	7	2	4	5	9	8	6	1
1	5	9	6	8	7	4	2	3
8	4	6	1	2	3	7	5	9

054

2	4	5	7	1	6	9	8	3
8	1	6	4	9	3	5	7	2
7	3	9	8	2	5	1	6	4
9	5	8	1	4	7	2	3	6
3	2	7	6	5	9	4	1	8
1	6	4	2	3	8	7	9	5
5	7	3	9	8	4	6	2	1
4	9	1	3	6	2	8	5	7
6	8	2	5	7	1	3	4	9

055

8	6	7	9	4	1	2	5	3
9	5	1	2	3	8	4	7	6
4	3	2	7	5	6	9	1	8
6	4	8	3	7	2	5	9	1
1	7	5	4	8	9	3	6	2
2	9	3	1	6	5	7	8	4
5	1	4	8	9	3	6	2	7
3	2	9	6	1	7	8	4	5
7	8	6	5	2	4	1	3	9

056

2	8	4	3	6	1	5	7	9
7	9	5	4	8	2	6	1	3
1	6	3	5	7	9	8	4	2
9	4	8	6	1	5	3	2	7
3	7	1	2	9	8	4	5	6
5	2	6	7	4	3	9	8	1
4	3	7	1	5	6	2	9	8
6	1	9	8	2	4	7	3	5
8	5	2	9	3	7	1	6	4

057

2	8	3	7	1	5	4	9	6
6	1	9	8	4	3	2	5	7
7	4	5	2	6	9	1	3	8
5	3	8	9	2	4	7	6	1
4	2	6	1	3	7	5	8	9
1	9	7	5	8	6	3	2	4
9	7	2	6	5	1	8	4	3
8	6	4	3	7	2	9	1	5
3	5	1	4	9	8	6	7	2

058

2	1	4	8	3	6	9	5	7
9	3	8	7	5	4	2	1	6
5	6	7	2	9	1	3	4	8
3	4	5	1	6	7	8	2	9
7	2	1	4	8	9	6	3	5
6	8	9	3	2	5	4	7	1
1	7	6	9	4	3	5	8	2
8	9	3	5	1	2	7	6	4
4	5	2	6	7	8	1	9	3

059

6	1	4	9	2	8	3	5	7
2	9	3	7	5	6	1	8	4
8	5	7	1	4	3	6	9	2
7	6	5	8	3	4	9	2	1
4	3	2	6	9	1	5	7	8
9	8	1	2	7	5	4	3	6
1	2	9	5	6	7	8	4	3
5	4	8	3	1	2	7	6	9
3	7	6	4	8	9	2	1	5

060

8	5	7	4	1	2	9	6	3
4	9	3	7	8	6	5	1	2
2	6	1	9	5	3	7	8	4
9	3	8	1	2	5	6	4	7
7	1	2	6	9	4	8	3	5
5	4	6	3	7	8	1	2	9
3	8	9	2	6	7	4	5	1
6	7	4	5	3	1	2	9	8
1	2	5	8	4	9	3	7	6

061

4	1	6	7	3	8	5	2	9
7	9	3	6	5	2	8	1	4
5	2	8	9	1	4	6	3	7
3	7	9	8	6	5	1	4	2
2	8	1	4	7	3	9	5	6
6	5	4	1	2	9	7	8	3
9	6	5	3	4	1	2	7	8
8	3	2	5	9	7	4	6	1
1	4	7	2	8	6	3	9	5

062

4	5	2	9	8	7	6	1	3
3	6	1	5	4	2	7	9	8
7	8	9	1	3	6	2	5	4
8	7	5	4	1	9	3	6	2
9	3	6	8	2	5	4	7	1
1	2	4	6	7	3	9	8	5
5	4	7	3	9	1	8	2	6
6	9	8	2	5	4	1	3	7
2	1	3	7	6	8	5	4	9

063

7	3	4	6	5	9	1	8	2
6	9	5	2	1	8	3	7	4
8	1	2	7	4	3	5	6	9
9	5	6	8	7	4	2	1	3
4	7	3	9	2	1	6	5	8
1	2	8	3	6	5	4	9	7
3	6	1	4	9	7	8	2	5
2	8	7	5	3	6	9	4	1
5	4	9	1	8	2	7	3	6

064

9	8	1	7	5	3	2	4	6
6	7	2	4	9	8	1	3	5
3	4	5	6	2	1	9	8	7
1	2	8	5	6	9	3	7	4
5	9	3	8	7	4	6	2	1
4	6	7	1	3	2	5	9	8
8	3	4	2	1	6	7	5	9
7	1	9	3	8	5	4	6	2
2	5	6	9	4	7	8	1	3

065

9	8	2	7	3	4	5	6	1
6	7	4	9	1	5	2	3	8
5	1	3	6	2	8	9	7	4
7	5	1	3	9	6	4	8	2
3	6	9	8	4	2	1	5	7
2	4	8	1	5	7	3	9	6
4	2	6	5	7	3	8	1	9
8	9	5	2	6	1	7	4	3
1	3	7	4	8	9	6	2	5

066

6	7	8	9	1	3	2	4	5
1	2	5	6	4	8	7	3	9
3	4	9	2	7	5	8	6	1
7	9	3	1	2	4	6	5	8
4	5	1	3	8	6	9	7	2
8	6	2	7	5	9	3	1	4
2	3	4	8	6	1	5	9	7
5	8	6	4	9	7	1	2	3
9	1	7	5	3	2	4	8	6

067

4	9	1	8	5	7	6	3	2
6	7	5	3	2	9	4	1	8
2	8	3	6	1	4	5	9	7
5	4	2	1	9	3	7	8	6
3	6	7	2	8	5	9	4	1
9	1	8	4	7	6	2	5	3
1	3	6	9	4	2	8	7	5
8	5	9	7	6	1	3	2	4
7	2	4	5	3	8	1	6	9

068

1	7	8	5	2	6	9	3	4
9	5	6	8	3	4	7	1	2
3	4	2	7	9	1	5	6	8
6	3	5	9	4	8	1	2	7
7	9	4	6	1	2	3	8	5
2	8	1	3	5	7	6	4	9
8	1	3	2	7	9	4	5	6
5	2	7	4	6	3	8	9	1
4	6	9	1	8	5	2	7	3

069

6	8	9	3	4	7	2	5	1
1	2	5	9	8	6	3	4	7
3	7	4	1	2	5	9	6	8
5	1	2	4	7	3	8	9	6
4	6	7	8	1	9	5	3	2
9	3	8	5	6	2	7	1	4
8	9	1	7	3	4	6	2	5
7	5	6	2	9	1	4	8	3
2	4	3	6	5	8	1	7	9

070

4	8	2	5	3	7	6	1	9
6	3	9	1	2	8	7	5	4
5	7	1	6	4	9	3	8	2
7	2	4	9	5	3	1	6	8
1	5	8	4	7	6	9	2	3
3	9	6	2	8	1	4	7	5
2	1	5	7	9	4	8	3	6
9	6	3	8	1	5	2	4	7
8	4	7	3	6	2	5	9	1

071

8	9	2	7	5	4	3	1	6
1	3	7	2	9	6	4	8	5
4	5	6	1	8	3	9	7	2
3	6	8	5	4	1	2	9	7
2	7	5	8	6	9	1	4	3
9	1	4	3	2	7	5	6	8
5	4	9	6	7	2	8	3	1
7	2	3	4	1	8	6	5	9
6	8	1	9	3	5	7	2	4

072

8	4	1	9	2	6	7	5	3
5	6	3	7	8	1	9	4	2
9	7	2	4	5	3	1	8	6
7	1	9	5	4	2	6	3	8
3	5	6	1	7	8	4	2	9
2	8	4	3	6	9	5	7	1
6	2	7	8	1	4	3	9	5
4	3	8	6	9	5	2	1	7
1	9	5	2	3	7	8	6	4

073

7	1	5	2	9	3	4	8	6
9	2	8	1	6	4	5	7	3
4	3	6	5	7	8	1	2	9
3	9	4	8	1	7	2	6	5
2	5	1	9	3	6	7	4	8
6	8	7	4	2	5	9	3	1
1	6	2	3	4	9	8	5	7
8	4	3	7	5	1	6	9	2
5	7	9	6	8	2	3	1	4

074

4	9	8	3	7	1	5	6	2
1	7	5	6	8	2	9	4	3
6	2	3	4	9	5	8	1	7
3	5	4	2	1	8	6	7	9
7	6	9	5	3	4	1	2	8
8	1	2	9	6	7	3	5	4
9	3	7	1	4	6	2	8	5
5	4	1	8	2	9	7	3	6
2	8	6	7	5	3	4	9	1

075

5	3	8	1	4	6	7	9	2
6	1	7	3	2	9	5	4	8
4	2	9	7	8	5	1	3	6
1	9	2	8	7	3	6	5	4
3	5	6	2	9	4	8	7	1
7	8	4	6	5	1	9	2	3
9	6	1	4	3	7	2	8	5
8	7	3	5	1	2	4	6	9
2	4	5	9	6	8	3	1	7

076

9	2	6	1	5	7	8	4	3
8	4	7	3	2	9	1	6	5
1	5	3	8	6	4	7	9	2
4	3	8	2	9	6	5	7	1
5	6	9	7	1	3	4	2	8
7	1	2	4	8	5	9	3	6
6	8	1	9	4	2	3	5	7
2	7	4	5	3	1	6	8	9
3	9	5	6	7	8	2	1	4

077

7	3	9	1	4	6	2	5	8
4	6	2	8	5	3	7	9	1
8	5	1	9	7	2	3	4	6
5	9	6	7	2	8	4	1	3
3	1	4	5	6	9	8	2	7
2	7	8	3	1	4	9	6	5
1	4	5	2	3	7	6	8	9
9	2	3	6	8	1	5	7	4
6	8	7	4	9	5	1	3	2

078

7	9	4	2	5	6	8	1	3
8	5	6	4	3	1	7	2	9
1	3	2	9	7	8	4	5	6
9	8	7	5	6	4	1	3	2
6	4	1	3	2	9	5	8	7
3	2	5	1	8	7	9	6	4
2	1	9	8	4	3	6	7	5
5	6	8	7	9	2	3	4	1
4	7	3	6	1	5	2	9	8

079

4	1	3	2	6	7	5	9	8
6	7	8	9	3	5	1	4	2
5	2	9	8	4	1	7	3	6
9	4	2	5	1	3	8	6	7
8	6	1	7	9	2	4	5	3
3	5	7	6	8	4	9	2	1
1	9	6	3	5	8	2	7	4
2	3	4	1	7	9	6	8	5
7	8	5	4	2	6	3	1	9

080

2	9	1	5	4	7	6	3	8
4	8	5	6	3	9	2	1	7
6	7	3	8	1	2	9	4	5
8	6	2	3	7	5	1	9	4
5	1	9	2	6	4	8	7	3
3	4	7	9	8	1	5	6	2
7	5	4	1	2	6	3	8	9
9	3	6	4	5	8	7	2	1
1	2	8	7	9	3	4	5	6

081

9	8	3	5	2	7	4	1	6
4	7	2	8	1	6	9	5	3
5	1	6	3	4	9	8	2	7
3	6	7	9	8	5	2	4	1
1	9	4	2	7	3	6	8	5
8	2	5	1	6	4	3	7	9
6	3	1	4	5	8	7	9	2
7	5	8	6	9	2	1	3	4
2	4	9	7	3	1	5	6	8

082

4	2	8	1	5	9	6	7	3
5	1	6	7	8	3	2	4	9
3	7	9	2	6	4	5	8	1
6	9	3	4	1	8	7	5	2
8	5	2	6	3	7	9	1	4
1	4	7	5	9	2	8	3	6
7	3	1	9	2	5	4	6	8
9	6	4	8	7	1	3	2	5
2	8	5	3	4	6	1	9	7

083

9	7	6	8	3	1	5	4	2
5	3	4	6	2	9	7	8	1
8	2	1	5	7	4	3	9	6
7	5	2	3	6	8	9	1	4
6	1	8	4	9	5	2	3	7
4	9	3	7	1	2	8	6	5
2	6	7	9	4	3	1	5	8
3	4	5	1	8	7	6	2	9
1	8	9	2	5	6	4	7	3

084

5	3	4	7	8	9	2	1	6
7	1	8	3	2	6	5	9	4
6	9	2	4	5	1	3	7	8
1	7	6	8	3	2	4	5	9
4	5	9	6	1	7	8	2	3
2	8	3	5	9	4	1	6	7
8	6	7	1	4	5	9	3	2
3	2	5	9	6	8	7	4	1
9	4	1	2	7	3	6	8	5

085

6	4	2	7	1	5	9	3	8
5	1	3	6	9	8	7	4	2
9	8	7	3	2	4	6	1	5
1	3	9	4	7	2	8	5	6
2	5	8	1	3	6	4	7	9
4	7	6	8	5	9	3	2	1
7	9	4	2	6	1	5	8	3
8	2	5	9	4	3	1	6	7
3	6	1	5	8	7	2	9	4

086

1	5	2	4	3	9	7	8	6
7	8	6	5	1	2	3	4	9
3	9	4	8	7	6	5	2	1
6	2	3	1	9	5	8	7	4
9	1	5	7	4	8	2	6	3
4	7	8	2	6	3	9	1	5
2	4	1	3	5	7	6	9	8
5	6	7	9	8	1	4	3	2
8	3	9	6	2	4	1	5	7

087

4	3	6	7	9	5	8	2	1
9	1	8	3	2	4	5	7	6
5	7	2	8	6	1	3	4	9
3	4	7	5	8	9	6	1	2
2	6	1	4	7	3	9	5	8
8	5	9	6	1	2	7	3	4
1	2	5	9	3	6	4	8	7
6	8	3	1	4	7	2	9	5
7	9	4	2	5	8	1	6	3

088

2	4	1	5	3	7	6	9	8
7	9	6	1	2	8	5	3	4
8	3	5	6	9	4	7	1	2
5	8	7	3	6	2	1	4	9
3	6	2	4	1	9	8	7	5
4	1	9	8	7	5	2	6	3
1	5	3	9	8	6	4	2	7
6	7	8	2	4	3	9	5	1
9	2	4	7	5	1	3	8	6

089

9	8	3	6	2	4	1	7	5
6	5	4	1	7	8	9	3	2
2	7	1	3	9	5	8	4	6
4	1	6	7	3	9	2	5	8
5	9	8	4	1	2	3	6	7
3	2	7	5	8	6	4	1	9
7	4	2	8	6	1	5	9	3
1	6	9	2	5	3	7	8	4
8	3	5	9	4	7	6	2	1

090

6	9	8	1	2	3	4	5	7
1	4	2	5	6	7	3	9	8
3	7	5	8	4	9	2	1	6
9	2	1	4	7	8	6	3	5
8	5	3	9	1	6	7	4	2
4	6	7	3	5	2	1	8	9
7	8	9	2	3	1	5	6	4
5	3	6	7	9	4	8	2	1
2	1	4	6	8	5	9	7	3

091

4	5	3	6	2	1	9	7	8
6	7	8	9	5	3	1	2	4
2	1	9	8	7	4	6	3	5
8	9	1	2	6	5	3	4	7
5	4	7	3	1	8	2	6	9
3	6	2	4	9	7	8	5	1
1	8	4	5	3	6	7	9	2
7	2	6	1	4	9	5	8	3
9	3	5	7	8	2	4	1	6

092

8	4	1	5	9	3	2	6	7
5	6	9	7	4	2	8	1	3
2	3	7	8	1	6	9	5	4
4	1	3	9	2	5	6	7	8
9	5	8	1	6	7	3	4	2
7	2	6	4	3	8	5	9	1
3	9	4	6	8	1	7	2	5
1	8	5	2	7	9	4	3	6
6	7	2	3	5	4	1	8	9

093

1	5	6	4	7	2	3	9	8
4	8	2	3	9	6	1	5	7
7	3	9	5	1	8	4	2	6
5	7	4	2	8	3	9	6	1
9	1	3	6	5	7	2	8	4
2	6	8	1	4	9	7	3	5
3	4	7	9	6	5	8	1	2
6	2	1	8	3	4	5	7	9
8	9	5	7	2	1	6	4	3

094

5	4	1	3	9	8	6	2	7
8	3	6	1	7	2	4	5	9
7	2	9	6	4	5	8	3	1
2	7	3	8	5	9	1	6	4
6	9	5	2	1	4	7	8	3
1	8	4	7	6	3	2	9	5
3	1	7	9	2	6	5	4	8
9	5	2	4	8	1	3	7	6
4	6	8	5	3	7	9	1	2

095

2	4	7	1	8	6	9	5	3
6	9	1	3	5	7	4	8	2
5	8	3	4	9	2	1	7	6
4	1	9	8	6	3	7	2	5
8	3	5	7	2	9	6	4	1
7	6	2	5	4	1	3	9	8
9	2	8	6	3	4	5	1	7
3	7	4	2	1	5	8	6	9
1	5	6	9	7	8	2	3	4

096

3	9	1	4	2	5	7	6	8
2	8	6	1	7	9	5	4	3
4	7	5	6	8	3	1	2	9
5	2	7	3	9	6	8	1	4
1	3	4	8	5	7	2	9	6
8	6	9	2	4	1	3	5	7
7	5	2	9	6	8	4	3	1
6	4	3	7	1	2	9	8	5
9	1	8	5	3	4	6	7	2

097

1	5	2	9	6	8	3	4	7
8	4	9	5	3	7	6	1	2
3	7	6	4	2	1	9	5	8
4	2	1	7	5	9	8	6	3
7	9	8	3	4	6	1	2	5
5	6	3	1	8	2	7	9	4
6	3	7	2	1	4	5	8	9
9	8	4	6	7	5	2	3	1
2	1	5	8	9	3	4	7	6

098

5	2	9	4	6	3	7	8	1
3	6	1	9	7	8	4	2	5
4	7	8	1	2	5	6	3	9
9	1	3	2	5	4	8	6	7
7	8	4	3	1	6	9	5	2
6	5	2	8	9	7	1	4	3
2	3	7	6	8	1	5	9	4
8	4	5	7	3	9	2	1	6
1	9	6	5	4	2	3	7	8

099

9	7	6	4	3	1	8	5	2
4	1	3	5	2	8	6	9	7
2	5	8	7	6	9	1	4	3
3	9	1	2	4	7	5	6	8
8	6	2	1	5	3	9	7	4
5	4	7	8	9	6	3	2	1
7	3	5	9	1	2	4	8	6
1	2	4	6	8	5	7	3	9
6	8	9	3	7	4	2	1	5

100

6	7	2	1	9	4	5	3	8
5	8	4	3	6	2	9	7	1
9	1	3	8	5	7	4	6	2
7	4	8	2	1	9	3	5	6
2	5	1	6	4	3	7	8	9
3	6	9	7	8	5	2	1	4
4	3	6	5	2	1	8	9	7
1	9	7	4	3	8	6	2	5
8	2	5	9	7	6	1	4	3

101

6	9	4	5	3	2	1	8	7
7	2	8	1	6	4	9	5	3
1	5	3	7	9	8	4	6	2
8	6	2	9	5	1	3	7	4
4	3	1	8	7	6	2	9	5
9	7	5	2	4	3	6	1	8
2	4	9	6	8	7	5	3	1
5	1	7	3	2	9	8	4	6
3	8	6	4	1	5	7	2	9

102

1	3	8	5	7	2	6	4	9
4	7	2	9	6	8	1	5	3
6	5	9	1	3	4	7	8	2
8	6	7	3	2	5	9	1	4
5	1	3	4	9	7	8	2	6
2	9	4	6	8	1	5	3	7
9	2	6	8	5	3	4	7	1
7	8	1	2	4	9	3	6	5
3	4	5	7	1	6	2	9	8

103

7	1	6	5	2	3	8	4	9
2	3	9	4	6	8	1	5	7
4	8	5	1	9	7	6	3	2
3	5	1	7	8	9	2	6	4
9	6	7	2	1	4	5	8	3
8	2	4	3	5	6	9	7	1
1	4	2	6	3	5	7	9	8
5	7	8	9	4	2	3	1	6
6	9	3	8	7	1	4	2	5

104

8	6	7	1	3	2	4	5	9
1	4	3	9	5	6	2	8	7
9	2	5	8	4	7	3	1	6
2	3	1	6	7	4	5	9	8
4	5	9	3	1	8	7	6	2
6	7	8	2	9	5	1	4	3
3	8	6	4	2	1	9	7	5
5	1	2	7	6	9	8	3	4
7	9	4	5	8	3	6	2	1

105

1	5	9	3	7	2	6	8	4
3	7	6	8	4	5	1	2	9
2	4	8	9	1	6	5	3	7
6	2	4	5	8	9	3	7	1
7	8	3	4	2	1	9	5	6
9	1	5	7	6	3	8	4	2
4	9	2	6	3	8	7	1	5
5	3	1	2	9	7	4	6	8
8	6	7	1	5	4	2	9	3

106

4	9	6	1	5	2	7	8	3
7	1	5	9	8	3	2	4	6
2	8	3	7	4	6	1	5	9
8	5	2	6	1	9	4	3	7
9	3	7	8	2	4	6	1	5
1	6	4	3	7	5	9	2	8
3	4	1	5	9	7	8	6	2
5	7	8	2	6	1	3	9	4
6	2	9	4	3	8	5	7	1

107

7	4	2	1	3	6	9	8	5
3	9	6	4	5	8	7	2	1
5	1	8	9	2	7	4	3	6
2	3	7	8	1	9	5	6	4
4	5	1	2	6	3	8	9	7
8	6	9	7	4	5	2	1	3
9	2	4	6	7	1	3	5	8
1	8	5	3	9	4	6	7	2
6	7	3	5	8	2	1	4	9

108

5	7	9	3	8	6	1	4	2
1	4	3	2	5	7	9	8	6
6	8	2	4	1	9	7	3	5
4	5	8	6	7	3	2	1	9
3	9	7	1	4	2	6	5	8
2	1	6	5	9	8	4	7	3
9	3	4	8	6	1	5	2	7
7	2	1	9	3	5	8	6	4
8	6	5	7	2	4	3	9	1

109

5	8	2	9	7	3	1	6	4
3	4	6	5	2	1	7	8	9
1	7	9	6	4	8	3	2	5
2	5	8	7	1	4	9	3	6
9	1	4	3	8	6	2	5	7
6	3	7	2	5	9	4	1	8
8	2	3	4	9	5	6	7	1
4	6	1	8	3	7	5	9	2
7	9	5	1	6	2	8	4	3

110

4	5	2	1	8	7	9	3	6
8	3	7	5	6	9	2	4	1
9	6	1	4	3	2	7	8	5
2	4	8	3	5	1	6	9	7
5	7	6	9	2	4	8	1	3
1	9	3	8	7	6	4	5	2
6	1	5	7	9	8	3	2	4
7	8	4	2	1	3	5	6	9
3	2	9	6	4	5	1	7	8

111

7	1	4	9	6	8	2	3	5
5	3	2	4	1	7	9	6	8
8	6	9	5	3	2	1	4	7
9	4	3	1	7	5	8	2	6
6	2	7	8	4	9	3	5	1
1	8	5	3	2	6	7	9	4
2	5	6	7	8	3	4	1	9
4	9	8	2	5	1	6	7	3
3	7	1	6	9	4	5	8	2

112

9	2	3	8	7	4	6	5	1
4	6	7	5	1	9	8	3	2
1	8	5	6	3	2	7	4	9
3	5	2	4	9	7	1	6	8
7	1	8	2	6	3	4	9	5
6	4	9	1	5	8	3	2	7
8	7	6	3	2	5	9	1	4
2	9	1	7	4	6	5	8	3
5	3	4	9	8	1	2	7	6

113

6	3	7	4	2	5	9	1	8
2	9	5	1	7	8	4	3	6
4	1	8	6	3	9	7	2	5
7	2	1	9	5	6	3	8	4
8	5	4	3	1	7	2	6	9
3	6	9	2	8	4	1	5	7
5	4	3	7	6	2	8	9	1
9	8	2	5	4	1	6	7	3
1	7	6	8	9	3	5	4	2

114

5	7	6	3	2	8	9	1	4
8	3	9	1	7	4	2	5	6
2	1	4	6	9	5	7	8	3
3	2	1	5	6	7	4	9	8
9	6	8	2	4	1	3	7	5
4	5	7	8	3	9	1	6	2
7	9	3	4	8	6	5	2	1
1	8	2	7	5	3	6	4	9
6	4	5	9	1	2	8	3	7

115

4	5	3	9	2	7	6	8	1
7	9	1	6	5	8	3	2	4
2	6	8	4	1	3	9	5	7
6	1	9	3	8	4	5	7	2
8	3	4	2	7	5	1	6	9
5	7	2	1	6	9	4	3	8
1	2	7	5	4	6	8	9	3
9	8	5	7	3	1	2	4	6
3	4	6	8	9	2	7	1	5

116

1	6	3	7	4	2	5	9	8
4	2	8	9	5	3	7	1	6
7	9	5	8	6	1	3	2	4
6	5	4	2	3	7	9	8	1
9	3	1	5	8	4	6	7	2
2	8	7	6	1	9	4	3	5
5	4	2	3	7	8	1	6	9
8	7	6	1	9	5	2	4	3
3	1	9	4	2	6	8	5	7

117

5	2	6	7	3	8	9	4	1
9	8	3	1	2	4	7	5	6
7	4	1	6	5	9	8	3	2
1	3	8	9	6	5	4	2	7
4	6	5	3	7	2	1	9	8
2	9	7	4	8	1	5	6	3
3	1	9	8	4	6	2	7	5
8	7	2	5	9	3	6	1	4
6	5	4	2	1	7	3	8	9

118

7	1	2	6	3	5	9	8	4
5	3	4	7	8	9	6	2	1
6	9	8	2	4	1	7	3	5
3	7	5	1	9	2	4	6	8
4	2	6	3	5	8	1	7	9
1	8	9	4	6	7	3	5	2
8	5	1	9	7	6	2	4	3
9	6	3	8	2	4	5	1	7
2	4	7	5	1	3	8	9	6

119

3	6	7	1	8	4	9	5	2
5	9	2	6	7	3	1	4	8
1	8	4	5	9	2	3	6	7
4	7	3	9	6	8	2	1	5
2	5	6	3	4	1	8	7	9
9	1	8	2	5	7	6	3	4
7	3	1	4	2	9	5	8	6
6	4	9	8	3	5	7	2	1
8	2	5	7	1	6	4	9	3

120

6	1	9	3	5	8	4	7	2
7	3	4	6	2	9	5	8	1
2	8	5	1	4	7	6	9	3
4	9	2	7	1	6	8	3	5
8	5	6	2	3	4	9	1	7
1	7	3	9	8	5	2	6	4
5	4	7	8	9	1	3	2	6
3	6	8	5	7	2	1	4	9
9	2	1	4	6	3	7	5	8

121

8	3	2	5	4	9	7	6	1
1	4	9	7	6	2	8	3	5
6	7	5	1	3	8	2	4	9
3	1	6	2	9	7	5	8	4
5	9	8	4	1	3	6	7	2
4	2	7	8	5	6	9	1	3
7	5	4	6	2	1	3	9	8
2	8	3	9	7	4	1	5	6
9	6	1	3	8	5	4	2	7

122

6	4	9	2	7	1	8	3	5
1	8	3	5	9	4	7	2	6
5	7	2	8	3	6	9	1	4
9	3	7	4	1	2	6	5	8
4	5	1	6	8	7	3	9	2
2	6	8	9	5	3	4	7	1
7	9	5	1	6	8	2	4	3
8	1	4	3	2	9	5	6	7
3	2	6	7	4	5	1	8	9

123

8	5	3	2	4	9	6	7	1
7	9	6	5	8	1	2	4	3
4	2	1	6	7	3	5	9	8
3	8	4	1	6	7	9	5	2
6	1	2	9	5	8	7	3	4
5	7	9	3	2	4	1	8	6
2	6	8	7	3	5	4	1	9
1	3	7	4	9	2	8	6	5
9	4	5	8	1	6	3	2	7

124

1	9	3	5	6	2	4	8	7
2	4	6	8	7	9	5	3	1
5	8	7	1	4	3	9	6	2
8	2	4	3	1	6	7	9	5
7	6	5	4	9	8	2	1	3
9	3	1	2	5	7	6	4	8
4	1	9	7	3	5	8	2	6
6	7	8	9	2	1	3	5	4
3	5	2	6	8	4	1	7	9

125

1	9	6	7	2	5	8	4	3
4	2	3	1	8	9	7	6	5
8	7	5	4	6	3	9	1	2
2	3	8	9	4	7	1	5	6
6	1	4	3	5	8	2	9	7
7	5	9	2	1	6	3	8	4
9	4	7	5	3	1	6	2	8
3	8	2	6	9	4	5	7	1
5	6	1	8	7	2	4	3	9

126

8	7	9	3	2	1	5	4	6
3	6	1	5	9	4	7	2	8
4	2	5	7	6	8	9	1	3
2	5	4	9	3	6	8	7	1
9	3	6	8	1	7	2	5	4
7	1	8	2	4	5	6	3	9
5	9	7	1	8	3	4	6	2
6	8	3	4	7	2	1	9	5
1	4	2	6	5	9	3	8	7

127

7	2	4	1	8	5	6	3	9
5	9	1	6	3	7	4	8	2
6	8	3	2	9	4	7	5	1
2	7	6	3	4	8	1	9	5
8	1	5	9	7	2	3	4	6
3	4	9	5	1	6	2	7	8
4	3	2	8	6	9	5	1	7
9	5	7	4	2	1	8	6	3
1	6	8	7	5	3	9	2	4

128

6	5	3	7	1	9	8	2	4
7	8	1	2	6	4	3	5	9
4	9	2	3	5	8	7	1	6
9	6	4	8	7	1	2	3	5
8	2	5	6	9	3	1	4	7
1	3	7	4	2	5	6	9	8
2	7	9	1	4	6	5	8	3
5	1	8	9	3	7	4	6	2
3	4	6	5	8	2	9	7	1

129

5	9	8	1	4	6	3	2	7
2	7	6	9	3	8	4	5	1
4	1	3	2	7	5	9	6	8
1	8	2	4	9	7	6	3	5
7	6	9	3	5	1	8	4	2
3	4	5	8	6	2	7	1	9
6	2	4	7	1	9	5	8	3
9	5	1	6	8	3	2	7	4
8	3	7	5	2	4	1	9	6

130

3	4	1	7	6	8	9	2	5
8	5	2	3	9	1	4	7	6
6	7	9	2	5	4	3	1	8
5	3	7	9	4	6	2	8	1
9	2	4	1	8	7	6	5	3
1	6	8	5	3	2	7	9	4
2	1	6	4	7	5	8	3	9
4	9	5	8	2	3	1	6	7
7	8	3	6	1	9	5	4	2

131

9	1	8	4	3	6	2	7	5
5	3	7	2	8	9	6	1	4
4	2	6	1	5	7	9	3	8
3	8	9	7	1	5	4	6	2
1	4	5	6	2	3	7	8	9
7	6	2	9	4	8	1	5	3
8	9	1	3	7	4	5	2	6
6	7	3	5	9	2	8	4	1
2	5	4	8	6	1	3	9	7

132

6	1	3	9	2	8	7	5	4
5	7	9	3	1	4	8	6	2
2	4	8	5	7	6	3	9	1
7	2	6	4	3	1	5	8	9
1	8	5	7	9	2	6	4	3
3	9	4	8	6	5	1	2	7
8	3	7	6	4	9	2	1	5
9	6	1	2	5	3	4	7	8
4	5	2	1	8	7	9	3	6

133

8	1	4	9	2	7	3	5	6
5	9	3	1	6	4	7	2	8
6	2	7	3	5	8	4	9	1
4	5	6	7	8	3	2	1	9
9	3	2	5	1	6	8	7	4
1	7	8	2	4	9	5	6	3
3	8	9	6	7	5	1	4	2
2	4	5	8	9	1	6	3	7
7	6	1	4	3	2	9	8	5

134

3	9	1	7	6	2	4	8	5
2	8	7	3	5	4	9	1	6
5	4	6	9	8	1	2	7	3
9	3	2	6	7	5	8	4	1
4	7	8	2	1	3	5	6	9
6	1	5	8	4	9	7	3	2
8	2	4	5	3	6	1	9	7
7	6	9	1	2	8	3	5	4
1	5	3	4	9	7	6	2	8

135

9	6	5	8	7	1	3	2	4
4	1	7	2	5	3	8	9	6
3	8	2	6	4	9	1	7	5
5	4	8	7	9	2	6	1	3
2	3	1	5	6	4	7	8	9
6	7	9	3	1	8	5	4	2
1	5	3	4	2	7	9	6	8
7	2	6	9	8	5	4	3	1
8	9	4	1	3	6	2	5	7

136

5	7	6	4	3	1	8	2	9
9	3	8	7	2	6	4	5	1
1	4	2	5	8	9	3	6	7
6	2	7	3	5	4	9	1	8
4	8	1	2	9	7	6	3	5
3	5	9	1	6	8	2	7	4
2	1	3	8	4	5	7	9	6
7	6	4	9	1	3	5	8	2
8	9	5	6	7	2	1	4	3

137

4	7	3	8	6	5	9	1	2
8	2	5	1	9	4	3	6	7
1	6	9	3	2	7	8	5	4
7	9	8	5	1	3	4	2	6
2	3	1	4	7	6	5	9	8
5	4	6	2	8	9	7	3	1
3	1	2	9	4	8	6	7	5
6	5	4	7	3	1	2	8	9
9	8	7	6	5	2	1	4	3

138

1	5	2	3	4	8	6	9	7
3	4	7	5	6	9	2	1	8
9	6	8	7	1	2	5	4	3
4	7	9	2	5	6	3	8	1
8	3	5	1	7	4	9	2	6
2	1	6	9	8	3	4	7	5
6	8	1	4	2	5	7	3	9
7	9	4	6	3	1	8	5	2
5	2	3	8	9	7	1	6	4

139

2	1	5	4	3	7	8	6	9
7	4	8	5	6	9	1	3	2
6	3	9	2	1	8	5	7	4
5	2	7	8	4	6	9	1	3
4	9	3	1	7	5	6	2	8
8	6	1	3	9	2	4	5	7
1	7	6	9	2	4	3	8	5
9	5	2	6	8	3	7	4	1
3	8	4	7	5	1	2	9	6

140

8	9	2	7	5	4	6	3	1
1	5	3	9	8	6	7	4	2
6	4	7	2	1	3	5	9	8
5	7	9	1	4	2	8	6	3
4	1	8	3	6	7	2	5	9
3	2	6	5	9	8	1	7	4
7	3	1	4	2	5	9	8	6
2	8	5	6	3	9	4	1	7
9	6	4	8	7	1	3	2	5

141

3	4	5	6	9	2	8	7	1
1	9	2	3	8	7	5	6	4
8	6	7	4	5	1	3	9	2
7	2	6	1	3	9	4	8	5
5	1	4	2	6	8	7	3	9
9	8	3	7	4	5	2	1	6
6	3	1	5	7	4	9	2	8
2	5	8	9	1	3	6	4	7
4	7	9	8	2	6	1	5	3

142

1	4	2	9	6	3	8	5	7
3	7	5	8	1	2	9	4	6
8	6	9	5	4	7	3	2	1
7	5	6	3	9	1	2	8	4
2	8	3	4	5	6	7	1	9
9	1	4	2	7	8	5	6	3
4	2	7	6	3	5	1	9	8
5	9	1	7	8	4	6	3	2
6	3	8	1	2	9	4	7	5

143

8	6	4	3	2	1	5	9	7
7	3	9	8	5	6	1	2	4
5	1	2	9	4	7	8	3	6
1	5	3	4	7	2	9	6	8
4	9	7	6	8	3	2	1	5
2	8	6	1	9	5	4	7	3
3	2	5	7	1	8	6	4	9
9	7	8	2	6	4	3	5	1
6	4	1	5	3	9	7	8	2

144

6	1	5	8	3	9	2	7	4
2	4	7	5	6	1	9	3	8
3	8	9	2	4	7	5	6	1
9	7	3	6	8	2	4	1	5
4	5	2	1	9	3	7	8	6
1	6	8	4	7	5	3	9	2
5	3	4	9	1	6	8	2	7
7	2	6	3	5	8	1	4	9
8	9	1	7	2	4	6	5	3

145

4	5	7	9	3	8	1	2	6
8	2	1	6	4	7	5	9	3
9	3	6	5	1	2	4	7	8
1	8	9	3	7	4	2	6	5
2	6	3	8	5	1	9	4	7
5	7	4	2	6	9	8	3	1
7	9	5	4	8	6	3	1	2
6	4	8	1	2	3	7	5	9
3	1	2	7	9	5	6	8	4

146

5	1	3	4	6	2	8	7	9
9	4	8	3	5	7	6	2	1
7	6	2	8	9	1	3	4	5
3	2	4	9	7	6	1	5	8
6	9	1	5	2	8	4	3	7
8	5	7	1	3	4	2	9	6
4	3	6	7	1	5	9	8	2
1	7	9	2	8	3	5	6	4
2	8	5	6	4	9	7	1	3

147

6	3	4	9	7	8	5	2	1
2	8	5	1	3	4	9	6	7
9	7	1	2	5	6	8	4	3
3	6	8	4	2	1	7	5	9
1	5	2	7	8	9	6	3	4
4	9	7	3	6	5	1	8	2
7	4	6	5	1	3	2	9	8
8	2	9	6	4	7	3	1	5
5	1	3	8	9	2	4	7	6

148

5	3	2	1	8	9	6	4	7
1	6	8	3	7	4	2	9	5
4	7	9	6	2	5	1	3	8
8	5	3	2	9	1	4	7	6
6	1	7	8	4	3	9	5	2
2	9	4	5	6	7	8	1	3
9	4	6	7	3	8	5	2	1
7	8	1	9	5	2	3	6	4
3	2	5	4	1	6	7	8	9

149

1	8	3	4	5	9	6	7	2
5	4	6	3	7	2	8	9	1
2	9	7	6	1	8	4	3	5
4	1	8	7	2	6	3	5	9
7	6	9	1	3	5	2	8	4
3	5	2	9	8	4	1	6	7
6	2	4	8	9	7	5	1	3
8	7	1	5	4	3	9	2	6
9	3	5	2	6	1	7	4	8

150

6	9	4	1	8	5	2	3	7
2	8	5	7	3	9	4	1	6
3	1	7	6	4	2	8	5	9
9	4	1	2	7	6	3	8	5
5	6	2	3	1	8	9	7	4
8	7	3	5	9	4	6	2	1
1	5	8	9	6	3	7	4	2
7	3	6	4	2	1	5	9	8
4	2	9	8	5	7	1	6	3

151

1	4	5	9	2	3	8	7	6
6	9	8	7	1	5	3	2	4
3	7	2	6	4	8	5	1	9
7	3	6	1	8	4	9	5	2
8	5	4	2	7	9	6	3	1
9	2	1	3	5	6	4	8	7
5	6	7	8	9	1	2	4	3
4	1	3	5	6	2	7	9	8
2	8	9	4	3	7	1	6	5

152

9	2	8	6	5	3	7	4	1
4	5	1	2	8	7	6	3	9
6	3	7	1	4	9	8	2	5
5	7	9	3	1	4	2	8	6
2	4	3	8	9	6	1	5	7
1	8	6	7	2	5	3	9	4
7	1	4	9	3	8	5	6	2
3	9	2	5	6	1	4	7	8
8	6	5	4	7	2	9	1	3

153

8	1	2	6	5	7	3	9	4
3	5	4	9	2	8	7	1	6
6	9	7	1	3	4	8	5	2
7	2	1	3	9	5	4	6	8
9	4	8	7	1	6	2	3	5
5	3	6	8	4	2	1	7	9
4	7	9	2	6	1	5	8	3
2	8	3	5	7	9	6	4	1
1	6	5	4	8	3	9	2	7

154

1	2	8	5	4	3	7	9	6
7	6	9	8	1	2	4	5	3
3	4	5	7	9	6	2	1	8
8	9	2	3	6	4	1	7	5
5	1	4	9	8	7	6	3	2
6	3	7	2	5	1	8	4	9
4	5	1	6	2	9	3	8	7
9	7	6	1	3	8	5	2	4
2	8	3	4	7	5	9	6	1

155

8	5	2	4	6	9	1	7	3
1	6	3	2	7	5	8	4	9
7	4	9	8	3	1	6	2	5
6	2	7	9	4	8	3	5	1
4	8	5	6	1	3	7	9	2
9	3	1	7	5	2	4	6	8
2	9	4	1	8	7	5	3	6
3	7	8	5	9	6	2	1	4
5	1	6	3	2	4	9	8	7

156

3	4	1	2	5	9	8	7	6
9	5	2	7	6	8	4	3	1
6	8	7	3	1	4	9	2	5
2	6	8	1	9	3	7	5	4
1	7	9	4	2	5	3	6	8
5	3	4	8	7	6	2	1	9
8	1	6	9	3	7	5	4	2
7	9	5	6	4	2	1	8	3
4	2	3	5	8	1	6	9	7

157

2	1	8	9	6	7	5	4	3
6	9	5	2	4	3	1	7	8
7	3	4	5	8	1	6	9	2
5	4	6	7	2	8	9	3	1
9	2	1	3	5	4	7	8	6
8	7	3	6	1	9	4	2	5
4	8	2	1	7	5	3	6	9
3	5	7	8	9	6	2	1	4
1	6	9	4	3	2	8	5	7

158

1	3	6	8	5	7	2	4	9
2	9	4	3	1	6	7	5	8
7	5	8	4	9	2	3	1	6
3	7	9	5	8	1	4	6	2
6	8	2	7	4	9	5	3	1
5	4	1	2	6	3	8	9	7
4	6	5	1	2	8	9	7	3
9	2	7	6	3	4	1	8	5
8	1	3	9	7	5	6	2	4

159

8	9	1	4	3	6	2	5	7
4	7	3	2	1	5	9	6	8
5	2	6	8	7	9	1	3	4
3	1	2	9	6	7	8	4	5
6	4	8	5	2	1	7	9	3
9	5	7	3	8	4	6	2	1
2	8	9	7	4	3	5	1	6
7	6	4	1	5	2	3	8	9
1	3	5	6	9	8	4	7	2

160

9	5	8	1	6	3	2	4	7
4	6	3	2	7	8	5	9	1
1	7	2	9	4	5	6	8	3
2	1	5	6	8	9	7	3	4
6	4	7	3	1	2	8	5	9
3	8	9	4	5	7	1	6	2
7	3	4	8	2	6	9	1	5
8	2	1	5	9	4	3	7	6
5	9	6	7	3	1	4	2	8

161

2	4	6	1	3	9	7	8	5
7	9	3	5	8	4	2	6	1
8	1	5	6	7	2	9	4	3
1	2	8	3	6	7	5	9	4
9	6	7	4	5	8	1	3	2
5	3	4	9	2	1	6	7	8
6	5	1	7	4	3	8	2	9
4	7	2	8	9	5	3	1	6
3	8	9	2	1	6	4	5	7

162

1	8	9	6	7	3	5	4	2
4	5	3	2	8	9	6	1	7
7	2	6	4	5	1	3	9	8
2	6	1	5	9	8	7	3	4
5	3	7	1	4	6	8	2	9
8	9	4	7	3	2	1	5	6
9	1	2	8	6	5	4	7	3
6	7	5	3	2	4	9	8	1
3	4	8	9	1	7	2	6	5

163

6	7	2	3	1	5	9	8	4
5	9	8	7	4	2	1	3	6
3	4	1	6	9	8	5	2	7
8	5	7	9	3	1	4	6	2
9	6	3	2	7	4	8	1	5
1	2	4	5	8	6	7	9	3
2	8	9	4	6	7	3	5	1
7	3	6	1	5	9	2	4	8
4	1	5	8	2	3	6	7	9

164

5	6	1	3	2	8	9	7	4
8	2	3	7	9	4	5	1	6
9	7	4	1	6	5	8	3	2
6	1	9	2	4	7	3	5	8
7	4	5	9	8	3	2	6	1
2	3	8	6	5	1	4	9	7
1	8	7	4	3	9	6	2	5
4	9	2	5	1	6	7	8	3
3	5	6	8	7	2	1	4	9

165

4	5	1	3	8	2	6	9	7
9	3	8	7	4	6	1	2	5
2	7	6	9	5	1	4	8	3
8	4	2	5	6	7	3	1	9
3	1	5	8	9	4	2	7	6
7	6	9	1	2	3	8	5	4
6	8	4	2	7	5	9	3	1
1	2	7	6	3	9	5	4	8
5	9	3	4	1	8	7	6	2

166

1	9	6	3	2	5	8	7	4
2	8	3	7	6	4	1	9	5
7	5	4	8	1	9	6	3	2
5	7	8	2	4	1	3	6	9
9	3	2	6	5	8	7	4	1
4	6	1	9	7	3	5	2	8
3	2	9	1	8	7	4	5	6
8	4	7	5	9	6	2	1	3
6	1	5	4	3	2	9	8	7

167

1	6	2	5	9	3	4	8	7
5	7	8	6	1	4	2	9	3
4	3	9	8	7	2	1	6	5
2	8	3	4	5	1	6	7	9
9	5	1	3	6	7	8	2	4
6	4	7	9	2	8	5	3	1
8	1	4	7	3	6	9	5	2
3	9	6	2	4	5	7	1	8
7	2	5	1	8	9	3	4	6

168

3	1	9	4	8	6	5	7	2
8	4	2	7	3	5	9	6	1
5	6	7	2	1	9	8	4	3
1	2	8	9	6	4	3	5	7
7	9	4	1	5	3	2	8	6
6	3	5	8	2	7	1	9	4
9	7	3	5	4	1	6	2	8
2	5	6	3	7	8	4	1	9
4	8	1	6	9	2	7	3	5

169

2	4	8	3	1	7	5	9	6
1	3	6	2	9	5	8	4	7
9	7	5	4	8	6	2	1	3
8	2	7	1	5	9	6	3	4
5	9	3	6	7	4	1	8	2
4	6	1	8	2	3	7	5	9
3	5	4	7	6	1	9	2	8
6	1	2	9	3	8	4	7	5
7	8	9	5	4	2	3	6	1

170

6	8	1	3	9	4	5	7	2
5	9	4	6	2	7	3	8	1
7	2	3	5	8	1	6	9	4
1	3	5	4	6	8	7	2	9
4	6	9	1	7	2	8	5	3
8	7	2	9	3	5	1	4	6
9	1	8	2	5	6	4	3	7
3	5	6	7	4	9	2	1	8
2	4	7	8	1	3	9	6	5

171

4	7	2	1	5	9	3	8	6
8	9	5	6	3	2	1	7	4
1	3	6	8	7	4	5	9	2
7	8	3	5	4	1	2	6	9
6	2	9	7	8	3	4	5	1
5	4	1	9	2	6	8	3	7
9	6	4	3	1	5	7	2	8
3	1	7	2	9	8	6	4	5
2	5	8	4	6	7	9	1	3

172

5	2	8	9	6	1	7	3	4
1	4	7	8	3	2	5	6	9
3	9	6	7	5	4	8	2	1
6	5	4	2	1	3	9	7	8
8	1	2	5	7	9	3	4	6
7	3	9	4	8	6	2	1	5
2	6	5	1	9	7	4	8	3
9	7	3	6	4	8	1	5	2
4	8	1	3	2	5	6	9	7

173

7	4	1	6	9	3	2	5	8
8	3	9	2	5	1	6	7	4
5	2	6	7	8	4	1	9	3
2	9	4	1	7	5	3	8	6
3	6	5	8	4	9	7	1	2
1	8	7	3	2	6	5	4	9
6	7	2	9	1	8	4	3	5
9	5	3	4	6	7	8	2	1
4	1	8	5	3	2	9	6	7

174

7	9	6	3	2	5	1	4	8
3	2	8	9	1	4	6	7	5
4	5	1	7	8	6	9	3	2
8	4	5	6	3	1	7	2	9
2	6	9	4	5	7	3	8	1
1	3	7	8	9	2	4	5	6
5	7	2	1	6	3	8	9	4
6	8	4	5	7	9	2	1	3
9	1	3	2	4	8	5	6	7

175

9	4	8	1	5	7	2	6	3
7	3	2	9	6	8	5	4	1
5	1	6	4	3	2	9	8	7
4	5	3	8	9	1	7	2	6
8	2	9	3	7	6	4	1	5
6	7	1	2	4	5	3	9	8
1	9	7	5	8	4	6	3	2
3	8	5	6	2	9	1	7	4
2	6	4	7	1	3	8	5	9

176

4	8	7	1	2	5	9	6	3
1	9	2	7	3	6	4	5	8
3	5	6	4	9	8	1	2	7
8	2	4	9	5	1	3	7	6
6	7	1	8	4	3	2	9	5
5	3	9	2	6	7	8	4	1
7	4	3	6	8	9	5	1	2
9	1	8	5	7	2	6	3	4
2	6	5	3	1	4	7	8	9

177

8	5	4	3	6	9	2	7	1
1	9	2	7	5	8	3	6	4
3	7	6	2	4	1	8	5	9
6	8	9	4	2	7	5	1	3
7	2	5	1	3	6	4	9	8
4	3	1	9	8	5	6	2	7
9	6	3	5	7	4	1	8	2
5	4	7	8	1	2	9	3	6
2	1	8	6	9	3	7	4	5

178

5	4	9	2	7	3	8	6	1
2	1	7	5	8	6	9	4	3
8	3	6	4	1	9	2	5	7
1	9	5	7	2	4	6	3	8
4	6	8	9	3	1	5	7	2
3	7	2	8	6	5	1	9	4
9	8	4	3	5	2	7	1	6
7	5	1	6	4	8	3	2	9
6	2	3	1	9	7	4	8	5

179

1	4	2	7	3	6	5	9	8
6	9	7	2	8	5	3	4	1
5	3	8	9	4	1	2	7	6
3	8	1	5	6	7	4	2	9
2	6	5	4	1	9	8	3	7
9	7	4	8	2	3	1	6	5
7	2	9	1	5	4	6	8	3
4	1	6	3	7	8	9	5	2
8	5	3	6	9	2	7	1	4

180

5	2	1	4	8	3	7	6	9
8	6	9	5	7	1	2	4	3
7	4	3	6	2	9	1	8	5
1	7	4	2	5	6	3	9	8
2	5	6	3	9	8	4	7	1
3	9	8	7	1	4	5	2	6
4	8	2	1	6	5	9	3	7
6	3	5	9	4	7	8	1	2
9	1	7	8	3	2	6	5	4

181

9	4	2	6	1	3	8	7	5
7	6	5	4	8	2	1	9	3
3	8	1	5	7	9	2	6	4
1	3	9	7	5	8	4	2	6
2	5	4	1	3	6	9	8	7
6	7	8	9	2	4	3	5	1
4	9	7	2	6	1	5	3	8
8	2	6	3	4	5	7	1	9
5	1	3	8	9	7	6	4	2

182

4	1	9	2	3	5	8	6	7
7	5	3	8	6	1	9	4	2
6	2	8	9	7	4	5	3	1
1	4	5	6	9	2	3	7	8
8	3	2	1	4	7	6	5	9
9	7	6	3	5	8	2	1	4
5	9	4	7	2	6	1	8	3
2	8	7	5	1	3	4	9	6
3	6	1	4	8	9	7	2	5

183

5	6	3	4	2	8	9	1	7
2	7	1	9	5	3	6	8	4
8	4	9	7	6	1	2	3	5
3	8	5	1	7	2	4	9	6
7	1	4	5	9	6	8	2	3
6	9	2	3	8	4	7	5	1
9	5	6	8	1	7	3	4	2
1	3	7	2	4	9	5	6	8
4	2	8	6	3	5	1	7	9

184

8	2	9	6	4	5	1	7	3
1	7	5	8	3	2	4	6	9
4	3	6	9	7	1	2	8	5
5	1	2	3	9	7	8	4	6
9	4	7	2	6	8	3	5	1
6	8	3	1	5	4	9	2	7
3	9	4	7	2	6	5	1	8
7	5	8	4	1	3	6	9	2
2	6	1	5	8	9	7	3	4

185

6	2	3	4	8	7	5	1	9
8	5	4	9	1	2	7	6	3
1	9	7	3	5	6	8	4	2
4	7	5	2	3	1	6	9	8
2	6	9	8	7	4	1	3	5
3	1	8	5	6	9	4	2	7
5	4	6	7	9	3	2	8	1
9	8	2	1	4	5	3	7	6
7	3	1	6	2	8	9	5	4

186

6	3	5	7	9	8	1	4	2
4	8	1	2	5	6	3	9	7
9	2	7	3	1	4	5	8	6
8	7	4	1	6	5	9	2	3
2	9	3	8	4	7	6	5	1
1	5	6	9	3	2	4	7	8
7	6	9	4	2	3	8	1	5
5	4	2	6	8	1	7	3	9
3	1	8	5	7	9	2	6	4

187

6	1	3	5	9	4	7	8	2
2	9	7	1	8	3	6	4	5
8	5	4	7	6	2	1	3	9
5	4	8	6	2	1	3	9	7
9	6	2	3	7	5	4	1	8
7	3	1	9	4	8	5	2	6
4	8	6	2	1	7	9	5	3
3	2	9	4	5	6	8	7	1
1	7	5	8	3	9	2	6	4

188

9	4	7	2	6	3	8	1	5
2	5	8	9	1	7	4	6	3
6	1	3	4	5	8	9	7	2
7	3	9	6	2	4	1	5	8
4	8	1	3	7	5	2	9	6
5	2	6	1	8	9	7	3	4
3	9	5	8	4	1	6	2	7
1	6	4	7	3	2	5	8	9
8	7	2	5	9	6	3	4	1

189

1	2	5	8	6	7	9	4	3
8	4	6	2	9	3	7	1	5
3	9	7	1	4	5	2	8	6
5	7	8	3	2	9	4	6	1
2	3	4	6	8	1	5	7	9
6	1	9	7	5	4	3	2	8
7	5	2	9	1	6	8	3	4
9	6	3	4	7	8	1	5	2
4	8	1	5	3	2	6	9	7

190

8	1	9	4	2	5	7	6	3
2	3	7	1	6	9	8	4	5
4	6	5	8	7	3	2	1	9
3	2	6	9	5	4	1	7	8
1	5	4	7	8	6	9	3	2
7	9	8	2	3	1	4	5	6
9	7	3	5	1	8	6	2	4
5	8	2	6	4	7	3	9	1
6	4	1	3	9	2	5	8	7

191

6	8	3	1	7	9	2	4	5
4	7	5	2	6	3	9	1	8
9	2	1	8	5	4	7	6	3
3	4	8	5	9	2	1	7	6
5	1	6	4	8	7	3	9	2
2	9	7	3	1	6	8	5	4
1	3	4	7	2	5	6	8	9
7	6	2	9	4	8	5	3	1
8	5	9	6	3	1	4	2	7

192

7	6	8	3	1	9	4	5	2
5	2	4	7	6	8	9	1	3
9	3	1	4	5	2	8	7	6
3	8	2	9	7	6	5	4	1
1	7	6	5	2	4	3	9	8
4	5	9	1	8	3	2	6	7
6	4	3	8	9	7	1	2	5
2	9	5	6	3	1	7	8	4
8	1	7	2	4	5	6	3	9

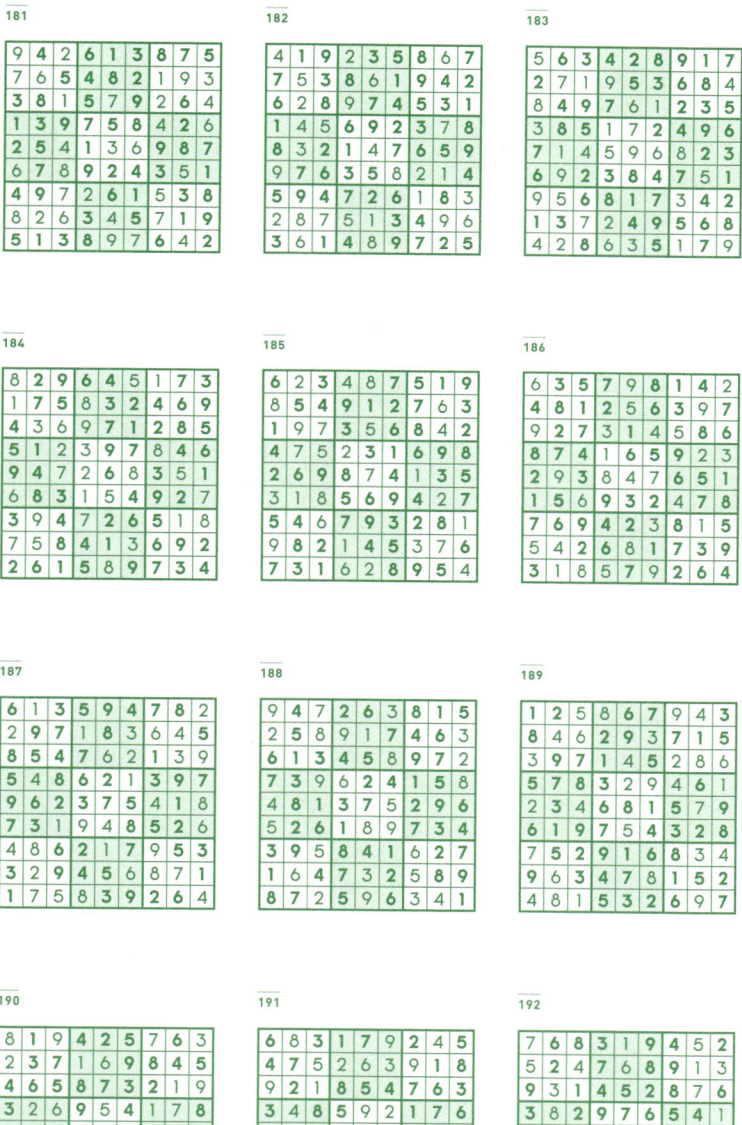

193

6	2	8	1	5	7	4	3	9
9	4	5	6	2	3	8	1	7
1	3	7	9	4	8	6	2	5
7	1	4	5	9	6	3	8	2
8	6	2	7	3	1	5	9	4
5	9	3	2	8	4	1	7	6
2	8	6	3	7	5	9	4	1
4	7	1	8	6	9	2	5	3
3	5	9	4	1	2	7	6	8

194

7	3	1	4	5	2	6	8	9
2	6	5	8	9	3	4	7	1
8	4	9	1	7	6	2	3	5
1	2	8	9	3	4	5	6	7
6	5	4	2	8	7	9	1	3
9	7	3	6	1	5	8	2	4
4	1	2	7	6	9	3	5	8
5	9	7	3	2	8	1	4	6
3	8	6	5	4	1	7	9	2

195

5	7	8	3	2	9	4	6	1
4	2	6	5	1	8	9	3	7
9	1	3	4	6	7	8	2	5
2	8	5	1	7	3	6	4	9
6	9	7	8	4	2	1	5	3
3	4	1	6	9	5	2	7	8
7	6	4	9	3	1	5	8	2
8	3	9	2	5	6	7	1	4
1	5	2	7	8	4	3	9	6

196

9	6	5	4	1	2	3	8	7
8	7	1	3	9	6	4	2	5
4	2	3	5	8	7	1	6	9
7	4	6	1	2	3	5	9	8
5	3	9	6	4	8	2	7	1
1	8	2	7	5	9	6	4	3
6	5	8	2	7	1	9	3	4
3	9	4	8	6	5	7	1	2
2	1	7	9	3	4	8	5	6

197

2	1	8	6	5	9	7	4	3
5	6	4	7	8	3	1	9	2
7	3	9	4	2	1	8	6	5
8	9	5	2	7	4	3	1	6
4	2	3	5	1	6	9	7	8
6	7	1	9	3	8	2	5	4
3	4	7	8	9	5	6	2	1
9	8	6	1	4	2	5	3	7
1	5	2	3	6	7	4	8	9

198

6	7	1	3	4	8	5	2	9
8	9	4	5	2	1	6	7	3
3	5	2	9	6	7	8	1	4
9	4	3	8	1	5	2	6	7
1	6	8	2	7	3	9	4	5
5	2	7	4	9	6	3	8	1
2	3	6	7	5	4	1	9	8
4	1	5	6	8	9	7	3	2
7	8	9	1	3	2	4	5	6

199

3	4	6	9	5	2	8	7	1
1	7	9	8	3	6	2	4	5
2	8	5	1	7	4	9	3	6
7	5	4	2	9	1	6	8	3
9	6	1	3	8	7	5	2	4
8	3	2	4	6	5	1	9	7
6	2	7	5	4	9	3	1	8
4	9	8	6	1	3	7	5	2
5	1	3	7	2	8	4	6	9

200

4	8	2	3	6	1	5	7	9
9	3	1	8	5	7	4	2	6
6	5	7	4	9	2	8	1	3
8	2	4	1	3	9	7	6	5
5	9	3	7	2	6	1	4	8
7	1	6	5	8	4	3	9	2
2	4	5	9	7	3	6	8	1
1	6	8	2	4	5	9	3	7
3	7	9	6	1	8	2	5	4

201

2	1	4	3	8	5	9	6	7
5	8	9	6	2	7	1	3	4
6	3	7	4	9	1	8	5	2
1	9	2	5	3	8	4	7	6
4	5	8	1	7	6	3	2	9
3	7	6	2	4	9	5	1	8
9	6	3	7	5	4	2	8	1
7	4	5	8	1	2	6	9	3
8	2	1	9	6	3	7	4	5

202

8	6	7	1	9	3	5	4	2
3	1	5	2	7	4	8	9	6
9	2	4	8	5	6	3	1	7
1	5	9	3	6	8	2	7	4
6	4	8	7	1	2	9	5	3
2	7	3	5	4	9	1	6	8
5	8	6	4	3	1	7	2	9
7	9	2	6	8	5	4	3	1
4	3	1	9	2	7	6	8	5

203

4	2	1	5	9	3	7	6	8
8	6	9	1	7	2	3	4	5
3	5	7	6	4	8	1	2	9
5	8	3	7	2	4	9	1	6
6	7	2	9	8	1	5	3	4
9	1	4	3	6	5	2	8	7
1	9	5	8	3	6	4	7	2
7	4	6	2	1	9	8	5	3
2	3	8	4	5	7	6	9	1

204

1	4	6	8	9	3	5	7	2
9	2	8	7	1	5	3	4	6
7	3	5	4	2	6	1	9	8
3	6	9	1	7	2	4	8	5
2	8	7	3	5	4	6	1	9
4	5	1	6	8	9	7	2	3
6	9	3	2	4	7	8	5	1
5	1	4	9	3	8	2	6	7
8	7	2	5	6	1	9	3	4

205

7	9	5	6	3	8	4	1	2
6	4	2	1	7	5	3	9	8
3	1	8	4	2	9	7	5	6
9	8	1	7	4	6	2	3	5
4	5	6	3	8	2	1	7	9
2	7	3	5	9	1	8	6	4
5	6	4	2	1	7	9	8	3
8	2	7	9	6	3	5	4	1
1	3	9	8	5	4	6	2	7

206

8	7	1	9	3	6	2	4	5
9	4	2	5	1	7	6	3	8
6	3	5	2	4	8	9	7	1
2	8	6	7	9	4	5	1	3
1	9	4	3	2	5	7	8	6
3	5	7	6	8	1	4	9	2
7	2	9	8	5	3	1	6	4
4	6	3	1	7	2	8	5	9
5	1	8	4	6	9	3	2	7

207

4	9	1	2	8	6	5	3	7
2	8	5	3	9	7	1	6	4
3	7	6	1	4	5	2	9	8
7	1	2	9	3	8	4	5	6
9	5	3	6	1	4	8	7	2
8	6	4	7	5	2	3	1	9
1	2	7	8	6	3	9	4	5
6	4	9	5	2	1	7	8	3
5	3	8	4	7	9	6	2	1

208

2	3	7	4	5	9	8	1	6
1	5	8	6	7	3	4	2	9
9	6	4	1	8	2	3	7	5
7	2	9	5	1	4	6	3	8
4	1	3	9	6	8	2	5	7
6	8	5	2	3	7	9	4	1
3	7	6	8	2	1	5	9	4
8	4	1	3	9	5	7	6	2
5	9	2	7	4	6	1	8	3

209

6	7	2	5	8	9	3	1	4
1	4	8	3	7	2	9	6	5
3	9	5	6	1	4	8	7	2
7	5	9	1	6	3	4	2	8
4	8	1	2	5	7	6	9	3
2	3	6	4	9	8	7	5	1
8	1	7	9	4	5	2	3	6
9	6	3	8	2	1	5	4	7
5	2	4	7	3	6	1	8	9

210

4	7	6	9	5	2	3	8	1
3	1	9	7	6	8	2	4	5
8	2	5	3	4	1	6	7	9
5	3	8	4	9	7	1	6	2
9	6	1	2	8	5	7	3	4
2	4	7	1	3	6	5	9	8
6	5	4	8	1	3	9	2	7
1	9	2	6	7	4	8	5	3
7	8	3	5	2	9	4	1	6

211

9	7	4	6	2	3	5	1	8
3	6	1	8	9	5	7	2	4
8	2	5	7	1	4	6	3	9
4	1	7	9	5	6	3	8	2
6	3	8	1	4	2	9	7	5
2	5	9	3	8	7	1	4	6
5	8	3	4	7	9	2	6	1
1	9	6	2	3	8	4	5	7
7	4	2	5	6	1	8	9	3

212

2	1	6	8	4	3	5	7	9
5	4	9	7	1	6	2	3	8
8	7	3	5	2	9	4	6	1
4	9	8	3	6	7	1	5	2
7	3	1	9	5	2	8	4	6
6	5	2	1	8	4	7	9	3
3	6	5	2	7	8	9	1	4
9	8	7	4	3	1	6	2	5
1	2	4	6	9	5	3	8	7

213

8	7	4	9	5	3	1	2	6
5	2	3	1	6	7	9	4	8
1	6	9	2	4	8	5	7	3
6	1	7	5	3	4	2	8	9
9	3	2	8	1	6	4	5	7
4	5	8	7	2	9	3	6	1
3	8	1	4	7	2	6	9	5
7	4	5	6	9	1	8	3	2
2	9	6	3	8	5	7	1	4

214

7	3	5	6	9	8	4	2	1
2	8	9	5	1	4	6	3	7
4	1	6	2	3	7	5	8	9
6	4	1	7	8	2	3	9	5
3	5	8	9	4	6	7	1	2
9	2	7	1	5	3	8	6	4
8	9	3	4	7	1	2	5	6
5	7	2	3	6	9	1	4	8
1	6	4	8	2	5	9	7	3

215

5	2	1	9	4	7	6	8	3
9	4	3	2	8	6	1	5	7
8	6	7	3	1	5	4	9	2
7	3	4	6	9	8	5	2	1
6	9	2	7	5	1	3	4	8
1	8	5	4	3	2	9	7	6
4	7	6	1	2	9	8	3	5
3	1	8	5	7	4	2	6	9
2	5	9	8	6	3	7	1	4

216

6	9	1	3	5	7	8	4	2
2	8	7	4	6	9	1	3	5
4	5	3	1	2	8	6	9	7
9	4	8	6	1	2	5	7	3
7	6	2	5	9	3	4	1	8
3	1	5	7	8	4	2	6	9
5	3	9	8	4	6	7	2	1
1	7	4	2	3	5	9	8	6
8	2	6	9	7	1	3	5	4

217

4	6	8	7	1	9	3	5	2
9	3	2	4	6	5	7	8	1
7	5	1	8	2	3	6	4	9
3	7	6	5	8	1	9	2	4
2	1	5	9	7	4	8	6	3
8	4	9	6	3	2	5	1	7
5	2	7	3	4	6	1	9	8
6	8	4	1	9	7	2	3	5
1	9	3	2	5	8	4	7	6

218

7	1	5	2	3	4	8	6	9
2	9	4	8	6	5	1	7	3
3	8	6	9	1	7	5	2	4
4	6	3	1	7	2	9	8	5
8	5	1	6	4	9	2	3	7
9	2	7	5	8	3	6	4	1
1	3	8	7	5	6	4	9	2
5	4	9	3	2	8	7	1	6
6	7	2	4	9	1	3	5	8

219

2	4	1	7	3	6	8	9	5
6	8	7	4	5	9	1	2	3
9	3	5	2	8	1	6	7	4
5	7	6	8	1	2	3	4	9
3	9	4	6	7	5	2	8	1
8	1	2	9	4	3	7	5	6
7	6	8	1	9	4	5	3	2
4	2	3	5	6	7	9	1	8
1	5	9	3	2	8	4	6	7

220

9	8	6	4	1	2	7	5	3
1	4	5	8	7	3	2	9	6
2	3	7	5	9	6	8	1	4
8	5	9	2	3	7	6	4	1
6	7	4	9	5	1	3	8	2
3	2	1	6	4	8	9	7	5
4	9	3	7	6	5	1	2	8
7	6	8	1	2	4	5	3	9
5	1	2	3	8	9	4	6	7

221

3	9	2	5	1	7	4	8	6
4	6	1	8	2	3	9	5	7
8	7	5	6	4	9	2	3	1
2	1	8	3	5	4	6	7	9
7	5	6	1	9	8	3	4	2
9	3	4	7	6	2	8	1	5
6	2	3	4	7	5	1	9	8
5	8	9	2	3	1	7	6	4
1	4	7	9	8	6	5	2	3

222

6	8	9	7	3	4	2	5	1
2	1	3	8	6	5	9	7	4
4	5	7	2	1	9	3	8	6
1	6	8	5	9	2	4	3	7
5	7	2	3	4	1	6	9	8
3	9	4	6	7	8	1	2	5
8	3	6	1	2	7	5	4	9
7	4	1	9	5	3	8	6	2
9	2	5	4	8	6	7	1	3

223

2	4	8	9	3	1	7	6	5
5	3	9	7	6	4	1	2	8
1	6	7	2	8	5	3	4	9
3	5	4	8	9	2	6	1	7
7	2	1	6	5	3	9	8	4
9	8	6	4	1	7	2	5	3
8	7	5	3	2	6	4	9	1
6	1	3	5	4	9	8	7	2
4	9	2	1	7	8	5	3	6

224

4	9	7	2	6	5	3	8	1
3	2	1	7	8	9	6	4	5
5	6	8	3	4	1	2	9	7
2	7	9	5	1	8	4	3	6
1	4	6	9	7	3	8	5	2
8	5	3	6	2	4	7	1	9
6	1	4	8	9	2	5	7	3
9	3	2	4	5	7	1	6	8
7	8	5	1	3	6	9	2	4

225

3	7	5	4	2	1	9	6	8
9	8	4	5	7	6	3	2	1
2	6	1	9	8	3	7	4	5
5	1	9	7	6	2	4	8	3
7	3	2	8	4	5	6	1	9
8	4	6	3	1	9	2	5	7
4	5	3	2	9	8	1	7	6
1	2	8	6	3	7	5	9	4
6	9	7	1	5	4	8	3	2

226

2	3	4	8	7	5	9	6	1
6	5	9	1	4	2	3	7	8
7	1	8	9	3	6	5	4	2
3	4	7	2	6	8	1	9	5
9	2	1	3	5	4	7	8	6
5	8	6	7	9	1	2	3	4
1	7	5	6	8	9	4	2	3
8	9	2	4	1	3	6	5	7
4	6	3	5	2	7	8	1	9

227

1	8	3	6	9	5	7	4	2
4	6	7	1	8	2	3	9	5
9	2	5	7	4	3	1	8	6
2	5	4	8	3	7	9	6	1
6	1	8	9	5	4	2	3	7
3	7	9	2	1	6	4	5	8
8	3	1	5	7	9	6	2	4
7	9	6	4	2	8	5	1	3
5	4	2	3	6	1	8	7	9

228

2	7	1	9	8	4	3	6	5
9	8	5	7	6	3	2	4	1
3	4	6	2	5	1	7	8	9
8	3	2	5	9	6	4	1	7
4	5	9	1	2	7	6	3	8
6	1	7	3	4	8	5	9	2
5	2	8	4	3	9	1	7	6
1	6	4	8	7	5	9	2	3
7	9	3	6	1	2	8	5	4

229

2	6	7	8	9	5	1	3	4
9	8	3	4	1	6	2	5	7
5	1	4	2	3	7	6	9	8
3	2	1	5	8	9	4	7	6
6	7	5	3	2	4	9	8	1
8	4	9	6	7	1	3	2	5
1	5	8	9	6	2	7	4	3
7	3	2	1	4	8	5	6	9
4	9	6	7	5	3	8	1	2

230

1	6	9	5	3	8	2	4	7
7	4	8	1	2	6	9	5	3
3	2	5	9	7	4	8	6	1
6	7	2	8	5	1	4	3	9
8	9	3	6	4	7	1	2	5
4	5	1	3	9	2	7	8	6
2	3	6	4	1	9	5	7	8
9	8	7	2	6	5	3	1	4
5	1	4	7	8	3	6	9	2

231

8	2	4	5	3	1	9	6	7
1	9	6	8	2	7	3	4	5
5	7	3	6	9	4	8	2	1
2	3	1	9	4	8	5	7	6
7	8	5	1	6	2	4	3	9
6	4	9	7	5	3	1	8	2
4	6	8	2	1	9	7	5	3
3	1	2	4	7	5	6	9	8
9	5	7	3	8	6	2	1	4

232

2	5	1	6	3	7	4	9	8
6	7	9	4	8	1	5	2	3
8	3	4	9	2	5	7	1	6
7	8	2	5	6	4	1	3	9
5	1	6	3	9	8	2	4	7
9	4	3	1	7	2	6	8	5
3	9	5	2	4	6	8	7	1
1	2	8	7	5	3	9	6	4
4	6	7	8	1	9	3	5	2

233

4	9	6	2	3	7	1	8	5
7	5	3	1	8	4	6	9	2
1	8	2	6	9	5	4	7	3
5	6	4	9	1	3	8	2	7
9	3	1	7	2	8	5	6	4
8	2	7	4	5	6	9	3	1
2	4	9	3	6	1	7	5	8
3	7	8	5	4	9	2	1	6
6	1	5	8	7	2	3	4	9

234

2	6	8	3	1	5	4	9	7
1	4	5	6	7	9	8	3	2
7	3	9	8	2	4	1	5	6
9	5	4	2	6	8	7	1	3
6	1	2	7	5	3	9	8	4
3	8	7	9	4	1	6	2	5
5	7	6	1	8	2	3	4	9
8	2	3	4	9	7	5	6	1
4	9	1	5	3	6	2	7	8

235

1	8	5	2	4	3	6	9	7
3	2	9	7	6	5	8	4	1
6	4	7	8	1	9	2	3	5
5	6	8	3	7	1	4	2	9
9	1	2	5	8	4	7	6	3
7	3	4	9	2	6	5	1	8
2	9	1	4	5	8	3	7	6
4	5	3	6	9	7	1	8	2
8	7	6	1	3	2	9	5	4

236

4	8	1	5	3	7	2	6	9
9	5	6	4	2	1	7	8	3
3	7	2	8	6	9	4	1	5
1	2	9	3	7	5	8	4	6
5	3	4	6	1	8	9	2	7
8	6	7	2	9	4	3	5	1
6	4	5	9	8	3	1	7	2
7	9	8	1	5	2	6	3	4
2	1	3	7	4	6	5	9	8

237

6	9	3	8	1	7	5	2	4
1	7	2	3	5	4	8	9	6
5	8	4	6	2	9	7	3	1
4	6	8	9	7	5	2	1	3
3	2	5	4	8	1	9	6	7
9	1	7	2	6	3	4	8	5
2	3	9	7	4	6	1	5	8
7	5	6	1	9	8	3	4	2
8	4	1	5	3	2	6	7	9

238

8	1	4	5	6	7	9	2	3
5	6	2	9	3	4	8	7	1
9	7	3	8	1	2	6	5	4
2	4	5	6	8	1	7	3	9
7	9	1	2	4	3	5	6	8
6	3	8	7	5	9	4	1	2
3	2	7	4	9	6	1	8	5
4	8	6	1	2	5	3	9	7
1	5	9	3	7	8	2	4	6

239

1	4	6	7	3	8	5	9	2
3	7	2	9	5	6	8	4	1
5	8	9	2	4	1	3	6	7
7	2	4	1	9	3	6	5	8
8	3	5	6	2	4	7	1	9
9	6	1	8	7	5	2	3	4
6	5	8	4	1	7	9	2	3
4	9	7	3	6	2	1	8	5
2	1	3	5	8	9	4	7	6

240

7	2	8	9	3	6	1	5	4
3	5	4	1	8	2	9	7	6
6	1	9	5	7	4	8	3	2
1	9	6	2	5	8	7	4	3
5	7	2	4	1	3	6	8	9
8	4	3	7	6	9	5	2	1
9	3	1	8	4	7	2	6	5
2	6	7	3	9	5	4	1	8
4	8	5	6	2	1	3	9	7

241

6	4	8	9	3	5	2	7	1
9	3	2	4	7	1	8	6	5
7	5	1	6	2	8	3	4	9
1	6	9	8	5	7	4	3	2
3	7	5	1	4	2	9	8	6
2	8	4	3	6	9	1	5	7
4	2	3	7	1	6	5	9	8
8	1	6	5	9	3	7	2	4
5	9	7	2	8	4	6	1	3

242

8	1	2	9	6	7	5	4	3
7	9	5	8	3	4	1	2	6
4	3	6	2	1	5	7	9	8
6	7	9	5	2	1	8	3	4
2	4	1	7	8	3	6	5	9
3	5	8	6	4	9	2	7	1
5	6	7	4	9	8	3	1	2
9	8	3	1	7	2	4	6	5
1	2	4	3	5	6	9	8	7

243

8	6	3	5	1	7	2	4	9
5	9	7	6	4	2	8	3	1
4	1	2	3	8	9	5	7	6
9	3	8	4	5	1	7	6	2
1	7	5	2	6	3	9	8	4
6	2	4	7	9	8	1	5	3
2	4	9	8	7	6	3	1	5
7	5	1	9	3	4	6	2	8
3	8	6	1	2	5	4	9	7

244

7	5	2	4	6	8	1	9	3
6	9	1	5	7	3	4	2	8
3	4	8	2	9	1	5	6	7
8	2	3	7	1	4	9	5	6
1	7	9	6	5	2	3	8	4
5	6	4	8	3	9	2	7	1
2	8	6	1	4	5	7	3	9
9	1	7	3	2	6	8	4	5
4	3	5	9	8	7	6	1	2

245

5	4	6	9	2	3	1	8	7
9	3	8	7	5	1	4	2	6
2	1	7	6	8	4	3	9	5
6	9	2	3	1	8	5	7	4
7	8	3	5	4	6	2	1	9
4	5	1	2	7	9	6	3	8
3	7	5	4	9	2	8	6	1
1	2	9	8	6	5	7	4	3
8	6	4	1	3	7	9	5	2

246

7	4	9	6	5	3	2	8	1
3	5	8	2	7	1	6	9	4
2	1	6	9	4	8	7	5	3
4	7	1	8	2	5	3	6	9
8	3	5	7	6	9	4	1	2
9	6	2	1	3	4	8	7	5
6	2	4	5	1	7	9	3	8
1	9	7	3	8	2	5	4	6
5	8	3	4	9	6	1	2	7

247

3	8	2	5	6	9	7	4	1
5	4	6	3	1	7	9	2	8
1	9	7	2	8	4	6	3	5
6	7	8	9	2	3	1	5	4
2	5	1	8	4	6	3	7	9
4	3	9	7	5	1	8	6	2
8	2	3	1	7	5	4	9	6
7	6	5	4	9	8	2	1	3
9	1	4	6	3	2	5	8	7

248

5	8	9	2	3	7	6	1	4
4	7	1	9	6	5	3	8	2
3	2	6	8	1	4	7	5	9
8	3	7	4	2	1	5	9	6
2	6	4	5	9	3	1	7	8
1	9	5	6	7	8	2	4	3
7	4	8	3	5	2	9	6	1
6	1	2	7	8	9	4	3	5
9	5	3	1	4	6	8	2	7

249

1	7	5	2	3	4	6	9	8
3	9	2	8	6	1	7	4	5
6	4	8	5	9	7	1	2	3
2	5	7	1	8	3	4	6	9
4	1	9	6	5	2	8	3	7
8	6	3	7	4	9	5	1	2
9	3	1	4	7	8	2	5	6
7	2	6	3	1	5	9	8	4
5	8	4	9	2	6	3	7	1

250

7	2	4	3	5	6	1	9	8
9	5	1	7	4	8	2	6	3
8	3	6	9	2	1	5	7	4
6	4	9	8	1	7	3	2	5
5	7	3	2	6	4	8	1	9
2	1	8	5	9	3	7	4	6
1	8	5	6	7	9	4	3	2
3	9	7	4	8	2	6	5	1
4	6	2	1	3	5	9	8	7

251

2	1	7	4	6	9	5	8	3
4	3	9	5	8	2	1	6	7
8	6	5	1	7	3	4	2	9
3	9	1	7	2	5	8	4	6
7	4	2	6	1	8	3	9	5
5	8	6	3	9	4	2	7	1
6	7	3	8	4	1	9	5	2
9	5	4	2	3	6	7	1	8
1	2	8	9	5	7	6	3	4

252

3	2	6	7	5	8	4	9	1
8	4	9	2	1	3	7	5	6
7	1	5	6	4	9	8	2	3
1	8	4	9	2	6	3	7	5
2	9	7	4	3	5	1	6	8
5	6	3	8	7	1	9	4	2
6	3	1	5	9	4	2	8	7
9	5	2	1	8	7	6	3	4
4	7	8	3	6	2	5	1	9

253

9	8	6	1	4	7	5	3	2
5	1	3	2	9	6	7	4	8
2	7	4	5	8	3	1	6	9
1	6	8	9	3	4	2	5	7
3	2	7	8	1	5	6	9	4
4	5	9	7	6	2	3	8	1
8	9	5	6	2	1	4	7	3
7	4	2	3	5	9	8	1	6
6	3	1	4	7	8	9	2	5

254

4	9	7	5	8	6	2	1	3
1	3	5	4	2	9	6	7	8
8	6	2	1	7	3	4	5	9
6	5	3	7	1	2	9	8	4
2	8	9	3	4	5	7	6	1
7	1	4	6	9	8	3	2	5
9	4	6	2	5	1	8	3	7
3	7	1	8	6	4	5	9	2
5	2	8	9	3	7	1	4	6

255

2	9	3	4	8	5	6	7	1
6	1	8	3	9	7	4	5	2
5	7	4	6	2	1	9	3	8
4	8	1	7	5	9	2	6	3
3	2	7	1	4	6	8	9	5
9	5	6	2	3	8	1	4	7
1	4	5	9	7	2	3	8	6
8	6	9	5	1	3	7	2	4
7	3	2	8	6	4	5	1	9

256

9	3	4	6	7	2	1	8	5
7	5	8	9	1	4	2	3	6
1	6	2	3	5	8	9	7	4
6	1	5	7	4	3	8	2	9
8	4	7	1	2	9	6	5	3
3	2	9	8	6	5	4	1	7
2	7	3	4	8	6	5	9	1
5	9	6	2	3	1	7	4	8
4	8	1	5	9	7	3	6	2

257

7	4	2	5	3	1	9	8	6
8	1	5	6	9	4	7	2	3
9	3	6	8	7	2	4	1	5
4	5	3	2	6	9	1	7	8
2	7	8	3	1	5	6	4	9
1	6	9	7	4	8	5	3	2
6	8	1	9	2	7	3	5	4
3	2	4	1	5	6	8	9	7
5	9	7	4	8	3	2	6	1

258

6	4	8	9	2	3	7	5	1
2	1	9	8	7	5	4	3	6
5	3	7	4	1	6	2	8	9
3	9	2	1	4	8	5	6	7
4	7	6	2	5	9	8	1	3
1	8	5	6	3	7	9	2	4
9	6	3	7	8	2	1	4	5
7	2	1	5	6	4	3	9	8
8	5	4	3	9	1	6	7	2

259

3	8	7	9	5	4	6	2	1
4	9	6	2	1	7	8	3	5
1	5	2	6	8	3	4	9	7
7	4	1	5	2	9	3	6	8
9	6	8	7	3	1	2	5	4
2	3	5	8	4	6	7	1	9
8	7	9	3	6	5	1	4	2
6	2	4	1	9	8	5	7	3
5	1	3	4	7	2	9	8	6

260

7	4	3	5	8	1	9	2	6
2	9	1	6	4	7	5	3	8
8	6	5	2	9	3	7	1	4
6	5	4	1	7	8	3	9	2
3	7	9	4	2	5	6	8	1
1	8	2	9	3	6	4	7	5
9	2	7	8	6	4	1	5	3
5	3	6	7	1	2	8	4	9
4	1	8	3	5	9	2	6	7

261

1	5	6	3	4	8	2	7	9
7	3	9	5	2	6	8	4	1
8	2	4	7	9	1	3	5	6
2	9	5	4	6	3	7	1	8
6	4	7	8	1	9	5	2	3
3	8	1	2	7	5	6	9	4
5	7	8	9	3	4	1	6	2
9	1	2	6	8	7	4	3	5
4	6	3	1	5	2	9	8	7

262

3	9	8	5	1	4	6	7	2
5	1	4	2	7	6	3	9	8
7	2	6	8	9	3	1	4	5
4	6	2	1	8	5	9	3	7
8	3	9	7	6	2	4	5	1
1	7	5	4	3	9	2	8	6
2	8	1	3	4	7	5	6	9
9	5	3	6	2	8	7	1	4
6	4	7	9	5	1	8	2	3

263

2	4	5	9	8	6	1	3	7
3	1	8	7	4	2	6	9	5
6	7	9	3	1	5	4	8	2
8	9	7	4	2	3	5	6	1
1	3	6	8	5	7	2	4	9
4	5	2	6	9	1	3	7	8
7	2	4	1	3	8	9	5	6
5	8	3	2	6	9	7	1	4
9	6	1	5	7	4	8	2	3

264

8	3	5	1	2	4	9	6	7
6	1	4	9	3	7	5	2	8
7	9	2	8	5	6	4	1	3
4	2	6	3	1	8	7	5	9
5	8	1	7	6	9	2	3	4
9	7	3	2	4	5	6	8	1
1	4	7	5	8	2	3	9	6
2	6	8	4	9	3	1	7	5
3	5	9	6	7	1	8	4	2

265

6	7	8	3	4	5	1	9	2
1	9	3	6	8	2	5	4	7
5	4	2	1	7	9	8	6	3
3	6	9	8	1	7	2	5	4
8	1	4	2	5	3	6	7	9
2	5	7	9	6	4	3	1	8
4	2	1	5	9	8	7	3	6
9	8	5	7	3	6	4	2	1
7	3	6	4	2	1	9	8	5

266

8	1	4	5	7	9	6	2	3
9	2	7	8	3	6	5	1	4
5	6	3	1	4	2	7	8	9
7	9	8	4	1	5	3	6	2
4	3	2	6	9	8	1	5	7
1	5	6	3	2	7	9	4	8
2	7	1	9	5	4	8	3	6
6	4	5	7	8	3	2	9	1
3	8	9	2	6	1	4	7	5

267

9	6	5	3	1	2	8	4	7
2	7	4	8	9	5	1	3	6
1	3	8	6	4	7	9	2	5
5	9	1	2	6	3	7	8	4
7	4	3	1	5	8	2	6	9
8	2	6	4	7	9	5	1	3
4	5	2	7	8	6	3	9	1
6	8	7	9	3	1	4	5	2
3	1	9	5	2	4	6	7	8

268

2	6	8	5	1	7	9	4	3
5	9	3	4	2	6	1	7	8
7	4	1	8	3	9	5	2	6
8	2	5	9	6	1	4	3	7
3	1	6	7	4	2	8	5	9
9	7	4	3	8	5	2	6	1
6	5	9	1	7	4	3	8	2
1	3	7	2	5	8	6	9	4
4	8	2	6	9	3	7	1	5

269

6	8	5	3	9	7	2	4	1
9	7	4	2	1	8	5	6	3
3	1	2	6	4	5	9	7	8
5	2	9	4	8	1	6	3	7
7	4	1	5	6	3	8	2	9
8	3	6	9	7	2	4	1	5
4	6	3	7	5	9	1	8	2
1	5	7	8	2	4	3	9	6
2	9	8	1	3	6	7	5	4

270

7	3	1	9	2	6	8	4	5
5	8	2	4	3	7	6	1	9
9	6	4	1	5	8	7	2	3
8	2	7	3	1	4	9	5	6
1	4	9	7	6	5	3	8	2
3	5	6	8	9	2	1	7	4
4	1	5	6	8	9	2	3	7
6	7	3	2	4	1	5	9	8
2	9	8	5	7	3	4	6	1

271

9	3	2	1	7	6	5	8	4
6	5	7	2	8	4	9	3	1
8	4	1	5	3	9	2	7	6
5	6	4	7	9	2	3	1	8
7	9	8	4	1	3	6	2	5
2	1	3	6	5	8	4	9	7
3	7	5	9	4	1	8	6	2
1	2	9	8	6	5	7	4	3
4	8	6	3	2	7	1	5	9

272

7	9	3	4	2	8	1	5	6
6	4	8	5	9	1	2	3	7
5	1	2	3	6	7	9	8	4
4	3	7	2	8	5	6	9	1
9	6	5	7	1	3	4	2	8
2	8	1	9	4	6	5	7	3
3	7	4	6	5	9	8	1	2
8	2	9	1	3	4	7	6	5
1	5	6	8	7	2	3	4	9

273

1	7	8	4	5	9	2	3	6
2	4	6	1	7	3	5	9	8
3	5	9	8	2	6	4	7	1
9	8	1	5	6	7	3	2	4
7	2	4	9	3	8	6	1	5
5	6	3	2	4	1	7	8	9
6	1	2	3	8	5	9	4	7
4	9	7	6	1	2	8	5	3
8	3	5	7	9	4	1	6	2

274

4	9	2	6	7	1	5	3	8
7	6	5	8	3	9	2	1	4
3	1	8	4	5	2	6	9	7
9	5	4	1	6	7	8	2	3
6	2	7	3	9	8	1	4	5
8	3	1	5	2	4	7	6	9
2	4	3	7	8	6	9	5	1
5	8	6	9	1	3	4	7	2
1	7	9	2	4	5	3	8	6

275

1	3	6	2	9	4	7	5	8
7	8	2	5	6	3	4	9	1
5	9	4	7	8	1	3	2	6
4	2	8	3	7	9	6	1	5
6	5	3	1	4	8	9	7	2
9	1	7	6	5	2	8	3	4
2	6	9	8	3	5	1	4	7
8	4	5	9	1	7	2	6	3
3	7	1	4	2	6	5	8	9

276

5	8	1	3	2	4	6	9	7
4	6	7	5	9	1	8	2	3
3	2	9	8	6	7	5	4	1
6	1	5	2	8	3	4	7	9
7	9	2	4	1	6	3	8	5
8	3	4	9	7	5	1	6	2
2	5	8	1	4	9	7	3	6
9	7	3	6	5	8	2	1	4
1	4	6	7	3	2	9	5	8

277

2	5	6	7	9	8	1	4	3
9	3	4	1	5	6	8	2	7
8	1	7	4	2	3	6	5	9
5	7	2	3	1	4	9	8	6
3	9	1	6	8	2	5	7	4
4	6	8	5	7	9	3	1	2
7	2	5	9	3	1	4	6	8
6	8	3	2	4	5	7	9	1
1	4	9	8	6	7	2	3	5

278

1	3	5	6	8	9	7	2	4
6	9	2	7	4	5	3	8	1
8	4	7	2	1	3	6	9	5
4	1	6	3	9	7	2	5	8
7	5	8	1	2	4	9	3	6
3	2	9	8	5	6	1	4	7
2	8	4	9	6	1	5	7	3
5	7	1	4	3	2	8	6	9
9	6	3	5	7	8	4	1	2

279

7	5	1	4	8	2	3	9	6
3	6	4	1	5	9	7	2	8
2	9	8	6	7	3	5	4	1
9	2	7	5	3	1	8	6	4
4	8	3	2	9	6	1	5	7
6	1	5	8	4	7	9	3	2
8	4	2	3	1	5	6	7	9
5	7	6	9	2	8	4	1	3
1	3	9	7	6	4	2	8	5

280

6	7	5	1	4	2	3	9	8
8	1	2	7	3	9	6	4	5
4	3	9	5	6	8	1	2	7
5	4	3	9	1	6	7	8	2
7	2	8	4	5	3	9	1	6
9	6	1	8	2	7	5	3	4
1	8	6	2	9	5	4	7	3
3	9	7	6	8	4	2	5	1
2	5	4	3	7	1	8	6	9

281

1	8	9	2	5	4	3	6	7
2	6	3	1	8	7	4	9	5
4	5	7	6	3	9	2	1	8
6	9	4	5	1	3	7	8	2
7	3	8	9	6	2	5	4	1
5	2	1	4	7	8	6	3	9
3	1	5	8	2	6	9	7	4
8	4	6	7	9	5	1	2	3
9	7	2	3	4	1	8	5	6

282

3	5	4	1	9	6	2	7	8
6	8	9	4	7	2	3	1	5
2	7	1	8	3	5	9	6	4
5	3	6	7	2	1	4	8	9
1	2	8	9	5	4	7	3	6
9	4	7	3	6	8	5	2	1
8	1	3	5	4	7	6	9	2
7	6	5	2	8	9	1	4	3
4	9	2	6	1	3	8	5	7

283

1	5	6	7	8	2	4	9	3
2	9	7	4	3	1	5	6	8
3	8	4	6	5	9	7	2	1
9	7	1	2	6	4	3	8	5
4	2	5	8	9	3	1	7	6
6	3	8	5	1	7	9	4	2
7	6	2	1	4	5	8	3	9
5	4	3	9	2	8	6	1	7
8	1	9	3	7	6	2	5	4

284

6	9	4	2	5	1	8	3	7
1	5	8	4	3	7	6	9	2
2	7	3	6	8	9	1	4	5
8	3	6	7	4	5	9	2	1
5	2	7	1	9	6	4	8	3
4	1	9	8	2	3	7	5	6
7	4	5	9	1	2	3	6	8
3	8	1	5	6	4	2	7	9
9	6	2	3	7	8	5	1	4

285

5	8	4	7	2	9	3	1	6
2	3	9	6	4	1	7	5	8
1	6	7	3	5	8	9	2	4
4	7	6	8	3	5	1	9	2
8	5	2	1	9	7	4	6	3
3	9	1	4	6	2	5	8	7
7	2	3	9	1	6	8	4	5
9	4	5	2	8	3	6	7	1
6	1	8	5	7	4	2	3	9

286

1	9	6	5	8	3	4	7	2
7	2	4	9	1	6	3	5	8
5	8	3	4	7	2	1	6	9
8	7	1	2	3	5	9	4	6
6	3	2	8	4	9	7	1	5
4	5	9	7	6	1	8	2	3
3	6	8	1	5	4	2	9	7
9	4	7	6	2	8	5	3	1
2	1	5	3	9	7	6	8	4

287

2	4	7	8	5	3	1	9	6
3	5	9	6	2	1	7	8	4
1	8	6	9	7	4	2	3	5
8	3	4	1	6	2	5	7	9
7	6	2	3	9	5	8	4	1
5	9	1	4	8	7	3	6	2
6	7	8	2	1	9	4	5	3
4	1	5	7	3	6	9	2	8
9	2	3	5	4	8	6	1	7

288

3	7	2	6	4	5	1	9	8
6	9	5	1	2	8	3	4	7
8	1	4	7	3	9	5	6	2
5	4	8	2	6	7	9	3	1
2	6	9	3	8	1	7	5	4
7	3	1	5	9	4	2	8	6
9	5	6	4	1	2	8	7	3
4	2	7	8	5	3	6	1	9
1	8	3	9	7	6	4	2	5

289

6	5	1	9	8	7	2	4	3
2	7	9	3	4	1	6	5	8
4	3	8	2	6	5	9	7	1
7	2	4	1	3	8	5	9	6
1	8	6	7	5	9	3	2	4
5	9	3	6	2	4	8	1	7
9	6	5	4	7	3	1	8	2
3	1	7	8	9	2	4	6	5
8	4	2	5	1	6	7	3	9

290

9	5	8	6	1	3	7	4	2
1	2	6	7	9	4	3	8	5
7	4	3	2	8	5	9	1	6
8	3	7	4	6	1	2	5	9
6	9	2	8	5	7	1	3	4
4	1	5	9	3	2	6	7	8
5	6	9	1	7	8	4	2	3
3	7	4	5	2	6	8	9	1
2	8	1	3	4	9	5	6	7

291

8	7	4	3	6	1	9	5	2
3	5	9	2	7	8	4	6	1
2	1	6	5	9	4	8	3	7
7	2	8	9	3	5	6	1	4
1	9	5	7	4	6	3	2	8
6	4	3	1	8	2	7	9	5
5	6	7	4	2	3	1	8	9
4	3	2	8	1	9	5	7	6
9	8	1	6	5	7	2	4	3

292

7	9	3	8	5	1	6	4	2
8	6	1	2	7	4	9	5	3
4	5	2	3	6	9	7	8	1
6	4	7	9	2	3	5	1	8
2	1	8	5	4	7	3	6	9
9	3	5	6	1	8	2	7	4
3	7	9	4	8	5	1	2	6
5	8	6	1	9	2	4	3	7
1	2	4	7	3	6	8	9	5

293

1	8	4	7	6	3	9	5	2
5	9	7	2	4	8	3	1	6
2	6	3	1	9	5	4	8	7
6	1	9	4	3	7	8	2	5
7	4	8	9	5	2	6	3	1
3	2	5	8	1	6	7	4	9
4	7	6	5	8	1	2	9	3
8	3	1	6	2	9	5	7	4
9	5	2	3	7	4	1	6	8

294

8	6	3	7	4	9	1	5	2
2	7	1	8	5	6	3	4	9
4	9	5	1	2	3	8	7	6
1	2	4	6	9	7	5	3	8
3	5	7	2	1	8	6	9	4
6	8	9	5	3	4	2	1	7
5	4	6	3	7	2	9	8	1
7	3	8	9	6	1	4	2	5
9	1	2	4	8	5	7	6	3

295

9	4	6	8	7	3	2	1	5
8	7	5	1	2	6	9	4	3
2	3	1	4	5	9	8	6	7
7	6	8	5	1	2	3	9	4
1	9	2	3	6	4	5	7	8
4	5	3	7	9	8	1	2	6
5	2	9	6	3	7	4	8	1
6	1	4	2	8	5	7	3	9
3	8	7	9	4	1	6	5	2

296

6	1	9	5	4	2	8	3	7
7	3	2	8	1	6	9	4	5
8	5	4	9	7	3	1	6	2
3	7	1	2	5	8	4	9	6
2	6	8	1	9	4	7	5	3
9	4	5	3	6	7	2	8	1
1	8	6	7	3	9	5	2	4
4	2	7	6	8	5	3	1	9
5	9	3	4	2	1	6	7	8

297

8	1	9	3	4	7	6	5	2
3	2	6	8	1	5	9	7	4
5	7	4	2	6	9	8	1	3
1	4	3	7	8	6	2	9	5
9	6	2	5	3	4	7	8	1
7	8	5	9	2	1	3	4	6
6	9	1	4	7	2	5	3	8
2	5	8	1	9	3	4	6	7
4	3	7	6	5	8	1	2	9

298

7	4	9	3	8	2	5	6	1
5	1	2	4	7	6	9	8	3
8	3	6	9	5	1	2	7	4
6	8	1	5	2	7	4	3	9
4	9	5	1	3	8	6	2	7
2	7	3	6	9	4	1	5	8
3	2	4	7	6	9	8	1	5
1	5	8	2	4	3	7	9	6
9	6	7	8	1	5	3	4	2

299

3	6	7	8	5	2	9	1	4
9	4	1	6	7	3	2	8	5
2	5	8	9	4	1	3	7	6
1	3	6	2	9	5	8	4	7
8	7	2	3	6	4	1	5	9
5	9	4	1	8	7	6	3	2
4	1	9	7	3	6	5	2	8
6	2	5	4	1	8	7	9	3
7	8	3	5	2	9	4	6	1

300

2	1	6	8	3	7	9	5	4
5	3	7	4	9	1	2	6	8
8	9	4	2	6	5	3	1	7
9	6	8	1	5	2	4	7	3
7	4	1	3	8	9	5	2	6
3	2	5	7	4	6	1	8	9
6	8	9	5	1	4	7	3	2
4	5	2	6	7	3	8	9	1
1	7	3	9	2	8	6	4	5

301

9	1	8	2	4	5	7	3	6
5	6	7	3	9	8	2	1	4
4	2	3	6	1	7	5	9	8
6	8	1	4	5	3	9	7	2
3	4	2	9	7	1	6	8	5
7	5	9	8	6	2	1	4	3
1	7	4	5	3	6	8	2	9
8	9	6	1	2	4	3	5	7
2	3	5	7	8	9	4	6	1

302

8	1	6	3	5	2	9	4	7
7	9	3	8	4	6	5	1	2
4	2	5	7	9	1	6	3	8
2	5	4	1	6	9	8	7	3
9	3	7	4	2	8	1	5	6
6	8	1	5	7	3	4	2	9
1	6	8	2	3	4	7	9	5
5	4	2	9	8	7	3	6	1
3	7	9	6	1	5	2	8	4

303

5	1	2	7	6	8	4	3	9
3	7	9	4	5	2	1	8	6
4	8	6	1	9	3	7	2	5
1	6	3	2	8	5	9	4	7
7	9	5	3	4	1	2	6	8
8	2	4	6	7	9	3	5	1
9	4	1	5	3	6	8	7	2
6	3	8	9	2	7	5	1	4
2	5	7	8	1	4	6	9	3

304

7	1	8	6	2	4	9	5	3
9	4	5	8	3	7	6	2	1
2	3	6	9	5	1	8	4	7
8	9	4	1	6	5	3	7	2
1	5	7	2	9	3	4	8	6
6	2	3	7	4	8	5	1	9
3	7	1	5	8	9	2	6	4
5	6	9	4	7	2	1	3	8
4	8	2	3	1	6	7	9	5

305

8	5	1	7	9	4	2	3	6
7	6	3	2	5	1	9	8	4
4	9	2	8	6	3	7	1	5
6	7	9	3	8	2	5	4	1
5	2	4	6	1	7	3	9	8
1	3	8	9	4	5	6	2	7
2	8	5	1	7	9	4	6	3
9	4	6	5	3	8	1	7	2
3	1	7	4	2	6	8	5	9

306

6	1	3	4	9	8	5	7	2
4	9	8	2	7	5	6	1	3
7	2	5	6	1	3	8	4	9
5	7	1	3	8	6	9	2	4
2	8	6	9	4	1	3	5	7
3	4	9	5	2	7	1	6	8
8	6	7	1	3	4	2	9	5
1	3	2	7	5	9	4	8	6
9	5	4	8	6	2	7	3	1

307

4	2	1	5	7	9	3	6	8
3	8	9	2	1	6	5	7	4
6	7	5	8	3	4	2	9	1
2	4	6	7	9	1	8	3	5
5	9	3	4	6	8	1	2	7
8	1	7	3	5	2	6	4	9
1	3	4	6	8	7	9	5	2
7	5	8	9	2	3	4	1	6
9	6	2	1	4	5	7	8	3

308

5	1	4	8	9	6	3	7	2
7	9	8	5	3	2	4	6	1
3	2	6	1	4	7	9	5	8
9	8	5	2	6	1	7	4	3
4	3	2	9	7	8	6	1	5
1	6	7	4	5	3	8	2	9
2	4	3	7	8	5	1	9	6
6	5	9	3	1	4	2	8	7
8	7	1	6	2	9	5	3	4

309

8	3	6	9	2	5	4	1	7
1	5	4	7	3	8	6	9	2
2	7	9	6	4	1	5	3	8
7	4	3	2	5	6	9	8	1
9	6	2	8	1	3	7	5	4
5	8	1	4	9	7	2	6	3
4	1	8	5	6	2	3	7	9
6	2	7	3	8	9	1	4	5
3	9	5	1	7	4	8	2	6

310

5	9	3	2	7	1	6	8	4
8	7	1	4	6	5	2	3	9
2	4	6	3	8	9	5	1	7
3	6	5	1	4	2	9	7	8
7	8	4	6	9	3	1	5	2
1	2	9	7	5	8	3	4	6
9	3	8	5	2	7	4	6	1
4	1	7	9	3	6	8	2	5
6	5	2	8	1	4	7	9	3

311

2	3	6	5	7	8	1	9	4
5	4	1	3	9	2	7	8	6
9	8	7	6	1	4	2	5	3
1	9	4	8	6	7	3	2	5
7	2	8	4	5	3	9	6	1
3	6	5	9	2	1	4	7	8
8	5	3	2	4	9	6	1	7
4	1	9	7	8	6	5	3	2
6	7	2	1	3	5	8	4	9

312

2	4	9	7	3	8	6	5	1
5	6	3	2	4	1	7	9	8
1	8	7	9	6	5	3	2	4
6	3	1	5	9	4	2	8	7
4	5	2	1	8	7	9	6	3
9	7	8	6	2	3	1	4	5
3	9	5	8	1	6	4	7	2
8	2	4	3	7	9	5	1	6
7	1	6	4	5	2	8	3	9

313

8	4	6	3	5	9	2	1	7
2	7	3	6	1	8	9	4	5
1	9	5	7	2	4	8	6	3
7	6	1	9	8	5	4	3	2
5	8	2	4	3	6	7	9	1
9	3	4	2	7	1	5	8	6
3	5	9	1	4	2	6	7	8
4	1	8	5	6	7	3	2	9
6	2	7	8	9	3	1	5	4

314

6	3	8	7	5	2	9	4	1
5	2	4	8	9	1	7	3	6
9	7	1	3	4	6	5	8	2
3	8	5	9	1	4	2	6	7
2	1	9	6	8	7	3	5	4
4	6	7	2	3	5	1	9	8
8	5	6	1	7	3	4	2	9
1	9	3	4	2	8	6	7	5
7	4	2	5	6	9	8	1	3

315

5	3	4	1	6	8	7	2	9
7	8	6	2	5	9	3	1	4
2	9	1	4	7	3	5	6	8
1	2	5	3	9	6	4	8	7
4	6	8	7	2	5	1	9	3
9	7	3	8	1	4	6	5	2
8	5	7	6	4	2	9	3	1
6	4	2	9	3	1	8	7	5
3	1	9	5	8	7	2	4	6

316

3	6	8	5	1	9	2	7	4
5	1	4	3	2	7	6	9	8
2	7	9	6	8	4	3	5	1
7	3	1	2	9	8	5	4	6
9	2	6	4	7	5	8	1	3
8	4	5	1	3	6	7	2	9
1	8	2	9	5	3	4	6	7
4	5	3	7	6	1	9	8	2
6	9	7	8	4	2	1	3	5

317

8	2	3	4	5	1	6	9	7
1	4	6	9	7	3	8	2	5
9	7	5	2	8	6	3	4	1
4	6	7	3	2	5	9	1	8
2	8	9	6	1	7	4	5	3
5	3	1	8	4	9	2	7	6
3	1	4	5	6	2	7	8	9
7	9	2	1	3	8	5	6	4
6	5	8	7	9	4	1	3	2

318

1	8	3	7	5	9	4	2	6
7	4	9	2	8	6	1	3	5
2	6	5	4	1	3	8	7	9
4	7	2	8	6	5	3	9	1
3	5	1	9	7	4	6	8	2
8	9	6	1	3	2	5	4	7
6	3	4	5	2	7	9	1	8
5	2	8	3	9	1	7	6	4
9	1	7	6	4	8	2	5	3

319

7	8	5	6	9	2	3	1	4
9	3	1	4	5	7	8	6	2
4	2	6	1	8	3	9	5	7
6	4	2	5	1	8	7	3	9
3	5	7	9	2	6	4	8	1
1	9	8	7	3	4	5	2	6
8	7	3	2	6	9	1	4	5
2	1	4	8	7	5	6	9	3
5	6	9	3	4	1	2	7	8

320

5	4	8	1	6	7	3	2	9
1	7	9	3	2	5	8	4	6
3	6	2	4	8	9	7	1	5
4	1	3	6	9	8	2	5	7
9	8	5	7	1	2	4	6	3
6	2	7	5	4	3	1	9	8
8	5	6	2	7	4	9	3	1
7	3	4	9	5	1	6	8	2
2	9	1	8	3	6	5	7	4

321

7	3	4	8	9	1	5	2	6
8	1	9	6	2	5	3	4	7
6	5	2	3	4	7	9	8	1
3	6	5	4	7	2	8	1	9
4	9	7	1	3	8	2	6	5
2	8	1	5	6	9	4	7	3
5	4	8	7	1	3	6	9	2
9	7	3	2	8	6	1	5	4
1	2	6	9	5	4	7	3	8

322

3	6	8	9	4	2	7	1	5
5	1	4	3	7	6	8	2	9
9	7	2	5	8	1	3	4	6
2	5	9	4	1	7	6	8	3
8	3	6	2	9	5	4	7	1
1	4	7	6	3	8	9	5	2
6	9	1	7	2	4	5	3	8
7	8	3	1	5	9	2	6	4
4	2	5	8	6	3	1	9	7

323

2	9	1	4	8	6	7	5	3
4	8	7	5	3	9	2	1	6
5	3	6	7	2	1	8	4	9
3	7	2	1	6	4	9	8	5
9	6	4	8	7	5	3	2	1
8	1	5	2	9	3	4	6	7
7	4	9	6	1	2	5	3	8
1	5	8	3	4	7	6	9	2
6	2	3	9	5	8	1	7	4

324

1	6	7	4	5	8	9	3	2
9	4	8	3	2	6	7	5	1
2	3	5	7	9	1	6	8	4
3	2	9	8	1	4	5	6	7
7	8	6	5	3	2	4	1	9
5	1	4	9	6	7	8	2	3
4	9	1	6	8	3	2	7	5
6	7	2	1	4	5	3	9	8
8	5	3	2	7	9	1	4	6

325

7	9	6	2	8	4	1	5	3
1	4	3	9	5	7	8	6	2
8	5	2	3	1	6	4	9	7
4	7	9	8	6	2	3	1	5
2	6	5	1	9	3	7	4	8
3	1	8	7	4	5	9	2	6
9	2	1	5	3	8	6	7	4
6	8	7	4	2	1	5	3	9
5	3	4	6	7	9	2	8	1

326

9	4	3	6	5	8	7	2	1
1	5	8	2	3	7	6	9	4
7	6	2	9	4	1	3	5	8
4	1	9	3	8	2	5	7	6
8	2	7	5	6	9	1	4	3
6	3	5	7	1	4	2	8	9
3	7	4	1	9	5	8	6	2
2	8	6	4	7	3	9	1	5
5	9	1	8	2	6	4	3	7

327

7	5	3	8	1	2	6	4	9
9	2	4	5	6	3	1	8	7
8	1	6	4	7	9	3	2	5
4	7	2	3	9	6	5	1	8
1	3	8	2	5	7	9	6	4
5	6	9	1	4	8	7	3	2
6	8	7	9	2	1	4	5	3
3	4	1	7	8	5	2	9	6
2	9	5	6	3	4	8	7	1

328

3	6	4	1	7	5	9	8	2
5	2	1	9	8	4	6	3	7
8	9	7	2	3	6	1	4	5
4	8	5	6	2	7	3	1	9
7	1	2	4	9	3	5	6	8
9	3	6	5	1	8	2	7	4
2	7	8	3	5	1	4	9	6
1	4	9	8	6	2	7	5	3
6	5	3	7	4	9	8	2	1

329

1	5	8	2	4	6	3	9	7
4	3	9	5	7	8	1	2	6
2	7	6	3	1	9	4	5	8
9	6	7	4	3	1	2	8	5
3	2	1	8	5	7	9	6	4
5	8	4	6	9	2	7	3	1
7	4	3	9	6	5	8	1	2
6	9	2	1	8	4	5	7	3
8	1	5	7	2	3	6	4	9

330

9	4	2	5	7	6	1	3	8
7	6	3	8	1	2	9	5	4
5	1	8	9	4	3	6	7	2
4	8	6	3	9	7	5	2	1
1	3	5	6	2	8	4	9	7
2	7	9	1	5	4	3	8	6
8	5	4	2	3	1	7	6	9
6	9	7	4	8	5	2	1	3
3	2	1	7	6	9	8	4	5

331

4	8	5	2	9	1	6	7	3
3	1	9	7	5	6	4	8	2
6	2	7	4	3	8	9	5	1
1	6	2	3	8	7	5	4	9
8	5	4	1	2	9	3	6	7
7	9	3	6	4	5	1	2	8
9	7	1	5	6	2	8	3	4
2	4	6	8	1	3	7	9	5
5	3	8	9	7	4	2	1	6

332

3	8	1	6	7	2	4	9	5
2	4	5	9	1	3	6	8	7
7	6	9	8	4	5	1	2	3
6	9	2	5	3	4	8	7	1
8	3	7	1	6	9	2	5	4
5	1	4	7	2	8	9	3	6
1	5	3	2	8	6	7	4	9
4	2	6	3	9	7	5	1	8
9	7	8	4	5	1	3	6	2

333

2	8	3	4	7	1	6	9	5
1	9	7	8	5	6	4	2	3
6	5	4	9	2	3	1	7	8
5	3	9	1	8	4	2	6	7
8	1	6	2	3	7	9	5	4
7	4	2	6	9	5	8	3	1
3	6	8	5	1	9	7	4	2
4	7	1	3	6	2	5	8	9
9	2	5	7	4	8	3	1	6

334

1	4	2	8	3	7	6	5	9
6	7	8	9	4	5	3	1	2
9	3	5	6	2	1	7	8	4
8	9	4	2	7	3	1	6	5
2	5	1	4	8	6	9	7	3
3	6	7	5	1	9	2	4	8
7	8	6	3	5	2	4	9	1
5	2	9	1	6	4	8	3	7
4	1	3	7	9	8	5	2	6

335

2	6	9	1	5	4	8	3	7
7	4	5	9	8	3	1	2	6
3	1	8	7	2	6	4	9	5
4	8	2	5	6	1	9	7	3
6	3	7	2	9	8	5	1	4
5	9	1	3	4	7	6	8	2
1	2	6	8	7	5	3	4	9
9	5	3	4	1	2	7	6	8
8	7	4	6	3	9	2	5	1

336

4	2	1	8	3	7	6	5	9
8	5	7	4	6	9	2	3	1
3	9	6	5	2	1	4	8	7
6	7	8	9	4	2	3	1	5
5	3	2	1	8	6	7	9	4
9	1	4	7	5	3	8	2	6
7	4	5	2	9	8	1	6	3
2	6	9	3	1	4	5	7	8
1	8	3	6	7	5	9	4	2

337

2	8	7	6	4	9	1	5	3
5	6	9	3	1	8	4	7	2
4	3	1	2	7	5	6	8	9
7	1	3	5	6	2	8	9	4
6	9	5	7	8	4	2	3	1
8	4	2	1	9	3	7	6	5
3	7	4	8	5	1	9	2	6
1	5	6	9	2	7	3	4	8
9	2	8	4	3	6	5	1	7

338

6	5	3	4	7	9	1	2	8
9	8	4	6	2	1	5	7	3
7	1	2	3	5	8	6	4	9
2	4	9	5	8	3	7	6	1
3	6	8	7	1	2	9	5	4
5	7	1	9	6	4	8	3	2
8	9	5	2	4	7	3	1	6
1	2	7	8	3	6	4	9	5
4	3	6	1	9	5	2	8	7

339

9	3	6	5	2	1	4	7	8
7	5	1	4	6	8	2	3	9
8	4	2	9	3	7	1	5	6
6	8	7	1	5	9	3	2	4
2	9	4	8	7	3	5	6	1
5	1	3	2	4	6	9	8	7
3	7	5	6	9	4	8	1	2
1	6	9	3	8	2	7	4	5
4	2	8	7	1	5	6	9	3

340

9	6	8	3	1	7	5	2	4
3	2	4	5	6	8	9	1	7
1	5	7	4	9	2	8	3	6
7	9	6	1	2	3	4	8	5
4	3	2	8	5	9	6	7	1
5	8	1	6	7	4	2	9	3
6	4	9	7	8	1	3	5	2
8	7	3	2	4	5	1	6	9
2	1	5	9	3	6	7	4	8

341

9	6	8	3	4	2	5	7	1
7	1	5	6	9	8	4	2	3
2	3	4	7	5	1	6	8	9
6	9	1	2	7	4	3	5	8
4	5	2	1	8	3	9	6	7
3	8	7	9	6	5	2	1	4
8	4	3	5	1	6	7	9	2
1	7	6	4	2	9	8	3	5
5	2	9	8	3	7	1	4	6

342

2	9	8	3	6	1	5	4	7
4	1	7	5	2	9	3	6	8
5	6	3	8	4	7	1	9	2
8	2	9	6	1	5	7	3	4
1	7	4	2	8	3	6	5	9
6	3	5	9	7	4	2	8	1
7	5	2	4	3	8	9	1	6
9	4	6	1	5	2	8	7	3
3	8	1	7	9	6	4	2	5

343

4	7	5	2	6	1	9	3	8
3	8	2	9	7	5	1	6	4
6	9	1	8	3	4	2	7	5
5	2	4	3	8	9	7	1	6
7	3	9	1	5	6	8	4	2
8	1	6	7	4	2	3	5	9
9	5	3	4	2	7	6	8	1
2	4	7	6	1	8	5	9	3
1	6	8	5	9	3	4	2	7

344

1	2	8	4	6	9	3	5	7
5	9	7	3	1	8	4	6	2
4	6	3	2	7	5	9	8	1
8	1	9	5	4	3	2	7	6
6	5	4	7	8	2	1	3	9
7	3	2	1	9	6	8	4	5
9	8	5	6	2	4	7	1	3
3	4	1	9	5	7	6	2	8
2	7	6	8	3	1	5	9	4

345

9	8	7	3	1	2	5	6	4
2	3	6	4	5	8	7	9	1
1	5	4	9	7	6	3	8	2
4	6	3	8	9	7	1	2	5
5	9	1	6	2	4	8	7	3
8	7	2	5	3	1	9	4	6
3	2	8	7	4	5	6	1	9
7	1	9	2	6	3	4	5	8
6	4	5	1	8	9	2	3	7

346

2	3	4	1	7	9	5	6	8
8	9	1	6	5	3	4	2	7
6	5	7	2	4	8	1	9	3
4	1	9	3	2	5	7	8	6
5	8	2	4	6	7	3	1	9
3	7	6	9	8	1	2	4	5
1	6	3	5	9	4	8	7	2
9	4	8	7	3	2	6	5	1
7	2	5	8	1	6	9	3	4

347

7	1	2	9	4	3	6	8	5
6	4	8	5	2	7	3	9	1
9	5	3	1	8	6	7	2	4
1	9	6	2	7	4	5	3	8
8	7	5	3	6	9	4	1	2
3	2	4	8	5	1	9	7	6
5	6	1	7	9	2	8	4	3
4	3	9	6	1	8	2	5	7
2	8	7	4	3	5	1	6	9

348

3	8	7	4	1	6	5	2	9
2	9	1	7	5	8	4	3	6
6	5	4	3	2	9	8	1	7
7	1	2	8	9	4	3	6	5
8	6	3	5	7	2	1	9	4
5	4	9	6	3	1	2	7	8
9	7	5	2	8	3	6	4	1
4	2	8	1	6	7	9	5	3
1	3	6	9	4	5	7	8	2

349

5	7	3	6	4	2	9	8	1
6	9	2	1	3	8	5	7	4
8	4	1	9	7	5	3	6	2
2	1	4	7	6	9	8	3	5
3	6	7	5	8	4	2	1	9
9	8	5	2	1	3	6	4	7
1	2	6	3	5	7	4	9	8
7	5	8	4	9	6	1	2	3
4	3	9	8	2	1	7	5	6

350

7	3	2	4	1	8	9	6	5
1	9	8	5	7	6	2	3	4
6	5	4	3	9	2	1	7	8
8	2	7	6	4	9	5	1	3
3	6	5	2	8	1	4	9	7
4	1	9	7	3	5	6	8	2
5	8	6	1	2	7	3	4	9
9	4	1	8	5	3	7	2	6
2	7	3	9	6	4	8	5	1

351

2	9	3	5	1	7	4	6	8
6	8	7	9	3	4	1	2	5
1	4	5	6	8	2	3	7	9
8	3	1	7	2	9	5	4	6
5	6	9	8	4	3	2	1	7
4	7	2	1	5	6	8	9	3
3	1	6	4	7	8	9	5	2
9	5	8	2	6	1	7	3	4
7	2	4	3	9	5	6	8	1

352

7	2	3	5	4	9	1	8	6
8	5	1	3	7	6	2	4	9
4	9	6	1	8	2	5	7	3
2	3	4	8	6	7	9	1	5
5	6	8	9	1	3	4	2	7
9	1	7	2	5	4	6	3	8
6	7	9	4	2	8	3	5	1
1	8	2	6	3	5	7	9	4
3	4	5	7	9	1	8	6	2

353

9	8	4	5	6	2	7	1	3
7	3	2	1	9	8	6	4	5
5	6	1	4	7	3	8	2	9
4	2	9	6	8	1	5	3	7
8	5	7	3	2	9	1	6	4
3	1	6	7	4	5	9	8	2
2	7	5	8	3	6	4	9	1
1	9	8	2	5	4	3	7	6
6	4	3	9	1	7	2	5	8

354

9	7	2	8	5	3	6	4	1
3	1	4	2	9	6	8	7	5
6	5	8	7	4	1	9	2	3
7	6	5	4	3	8	2	1	9
8	3	1	9	6	2	7	5	4
2	4	9	5	1	7	3	8	6
1	8	3	6	2	4	5	9	7
5	2	6	1	7	9	4	3	8
4	9	7	3	8	5	1	6	2

355

8	7	2	1	5	3	6	9	4
3	4	1	6	2	9	5	8	7
6	9	5	8	4	7	2	3	1
2	8	7	3	9	6	1	4	5
9	5	6	7	1	4	3	2	8
4	1	3	5	8	2	9	7	6
1	2	9	4	6	8	7	5	3
5	3	8	9	7	1	4	6	2
7	6	4	2	3	5	8	1	9

356

1	6	5	4	2	7	8	3	9
8	3	7	9	5	6	4	2	1
4	2	9	1	8	3	6	7	5
2	1	4	7	9	8	3	5	6
3	9	6	5	4	1	7	8	2
5	7	8	3	6	2	1	9	4
6	8	1	2	7	9	5	4	3
9	5	3	8	1	4	2	6	7
7	4	2	6	3	5	9	1	8

357

2	3	8	9	5	6	4	7	1
7	4	1	3	8	2	5	9	6
6	9	5	7	4	1	2	3	8
9	6	2	8	1	5	3	4	7
3	8	4	2	6	7	1	5	9
5	1	7	4	3	9	6	8	2
1	2	3	5	9	8	7	6	4
4	7	9	6	2	3	8	1	5
8	5	6	1	7	4	9	2	3

358

7	3	4	2	6	1	9	5	8
6	8	9	5	7	4	3	1	2
2	5	1	3	9	8	6	4	7
4	6	8	9	3	2	1	7	5
3	7	2	1	4	5	8	6	9
9	1	5	7	8	6	2	3	4
1	4	3	8	2	7	5	9	6
8	9	7	6	5	3	4	2	1
5	2	6	4	1	9	7	8	3

359

5	9	6	2	1	7	4	3	8
7	3	2	8	4	9	6	1	5
4	1	8	3	5	6	9	7	2
3	2	1	6	8	5	7	4	9
6	5	4	9	7	2	3	8	1
8	7	9	4	3	1	5	2	6
9	4	3	1	6	8	2	5	7
1	6	7	5	2	4	8	9	3
2	8	5	7	9	3	1	6	4

360

8	9	6	1	3	7	4	5	2
2	7	4	8	5	6	9	3	1
5	1	3	9	4	2	7	8	6
3	6	7	2	1	4	5	9	8
9	5	1	3	6	8	2	7	4
4	2	8	5	7	9	6	1	3
6	3	9	4	8	5	1	2	7
7	8	5	6	2	1	3	4	9
1	4	2	7	9	3	8	6	5

361

6	4	5	3	8	9	1	7	2
3	9	7	1	2	5	6	8	4
2	1	8	6	7	4	5	3	9
7	2	1	5	3	6	4	9	8
9	5	6	2	4	8	7	1	3
4	8	3	7	9	1	2	6	5
8	7	9	4	1	2	3	5	6
5	3	4	8	6	7	9	2	1
1	6	2	9	5	3	8	4	7

362

7	5	1	6	3	2	4	8	9
4	3	9	5	1	8	7	2	6
8	2	6	9	4	7	1	3	5
9	8	4	2	5	3	6	7	1
3	1	7	4	8	6	5	9	2
5	6	2	7	9	1	3	4	8
1	7	5	8	2	4	9	6	3
2	4	3	1	6	9	8	5	7
6	9	8	3	7	5	2	1	4

363

8	3	5	1	2	9	6	4	7
7	1	6	3	5	4	2	8	9
2	4	9	8	6	7	3	1	5
9	2	8	7	1	6	4	5	3
3	6	7	5	4	8	1	9	2
1	5	4	2	9	3	7	6	8
6	8	1	9	3	2	5	7	4
4	9	3	6	7	5	8	2	1
5	7	2	4	8	1	9	3	6

364

6	4	3	8	1	9	2	5	7
7	1	8	6	2	5	4	9	3
5	9	2	3	4	7	8	6	1
3	2	1	7	9	6	5	4	8
8	6	7	2	5	4	3	1	9
4	5	9	1	8	3	6	7	2
1	7	4	5	3	8	9	2	6
9	3	6	4	7	2	1	8	5
2	8	5	9	6	1	7	3	4

365

3	5	9	8	6	2	7	4	1
1	7	8	9	5	4	6	3	2
2	6	4	7	3	1	8	5	9
4	3	2	6	7	5	1	9	8
6	8	7	1	9	3	5	2	4
5	9	1	4	2	8	3	6	7
8	1	6	5	4	9	2	7	3
9	2	5	3	8	7	4	1	6
7	4	3	2	1	6	9	8	5

366

5	1	9	2	6	8	4	3	7
8	4	6	9	3	7	2	5	1
7	3	2	1	4	5	6	8	9
3	5	8	6	9	2	7	1	4
9	6	7	5	1	4	8	2	3
1	2	4	8	7	3	5	9	6
6	8	3	7	5	1	9	4	2
2	9	1	4	8	6	3	7	5
4	7	5	3	2	9	1	6	8

367

4	9	7	6	1	5	2	8	3
6	1	8	2	3	7	4	5	9
3	5	2	9	8	4	7	1	6
8	4	1	5	7	6	9	3	2
5	6	3	8	9	2	1	4	7
7	2	9	1	4	3	8	6	5
9	3	4	7	5	8	6	2	1
1	8	6	3	2	9	5	7	4
2	7	5	4	6	1	3	9	8

368

8	7	3	4	5	9	2	6	1
1	6	4	7	8	2	3	9	5
9	5	2	3	1	6	7	4	8
7	8	6	1	2	3	9	5	4
2	1	9	5	4	8	6	7	3
3	4	5	6	9	7	1	8	2
6	9	8	2	3	4	5	1	7
4	2	1	9	7	5	8	3	6
5	3	7	8	6	1	4	2	9

369

3	7	5	4	6	8	2	1	9
4	8	1	2	9	7	6	5	3
2	9	6	1	5	3	7	4	8
5	1	8	7	3	2	9	6	4
7	3	2	9	4	6	5	8	1
6	4	9	8	1	5	3	2	7
9	2	3	5	8	4	1	7	6
8	6	7	3	2	1	4	9	5
1	5	4	6	7	9	8	3	2

370

1	7	2	4	6	3	8	9	5
6	3	5	9	8	1	2	4	7
8	4	9	5	2	7	3	6	1
5	2	7	8	3	9	4	1	6
9	6	8	1	7	4	5	3	2
4	1	3	6	5	2	7	8	9
3	9	1	7	4	5	6	2	8
7	8	4	2	9	6	1	5	3
2	5	6	3	1	8	9	7	4

371

7	3	5	8	1	4	6	2	9
9	8	1	5	2	6	7	4	3
4	6	2	9	3	7	1	8	5
2	7	4	3	8	5	9	6	1
3	9	8	1	6	2	4	5	7
1	5	6	7	4	9	8	3	2
6	4	3	2	7	1	5	9	8
5	2	7	4	9	8	3	1	6
8	1	9	6	5	3	2	7	4

372

4	2	8	3	7	6	9	5	1
9	7	3	5	1	8	4	2	6
6	1	5	9	2	4	3	7	8
1	5	9	2	8	7	6	3	4
3	4	2	6	9	5	1	8	7
8	6	7	4	3	1	2	9	5
7	3	6	1	5	9	8	4	2
2	8	1	7	4	3	5	6	9
5	9	4	8	6	2	7	1	3

373

6	2	4	8	5	1	3	7	9
3	9	5	2	7	6	1	4	8
1	8	7	4	9	3	5	2	6
9	4	8	3	6	2	7	1	5
2	7	3	5	1	9	6	8	4
5	6	1	7	8	4	2	9	3
4	1	6	9	2	5	8	3	7
7	3	2	6	4	8	9	5	1
8	5	9	1	3	7	4	6	2

374

5	2	4	9	1	6	7	3	8
9	6	8	4	7	3	5	2	1
3	1	7	8	5	2	4	6	9
2	9	6	1	8	7	3	4	5
1	4	3	6	9	5	8	7	2
7	8	5	3	2	4	9	1	6
8	3	1	7	6	9	2	5	4
4	5	9	2	3	1	6	8	7
6	7	2	5	4	8	1	9	3

375

1	6	4	5	3	7	9	2	8
2	9	3	6	1	8	4	7	5
7	8	5	4	9	2	6	1	3
9	2	7	8	6	1	3	5	4
3	5	6	7	4	9	1	8	2
4	1	8	2	5	3	7	9	6
6	7	9	3	8	5	2	4	1
8	3	2	1	7	4	5	6	9
5	4	1	9	2	6	8	3	7

376

9	2	4	5	6	7	3	1	8
3	6	7	8	1	2	5	4	9
8	5	1	4	9	3	2	7	6
7	1	3	2	5	9	8	6	4
2	8	5	6	7	4	9	3	1
6	4	9	1	3	8	7	2	5
1	7	6	3	8	5	4	9	2
4	3	8	9	2	1	6	5	7
5	9	2	7	4	6	1	8	3

377

5	9	6	8	4	1	3	2	7
4	1	3	2	6	7	5	8	9
2	8	7	5	9	3	1	6	4
3	5	1	4	7	6	2	9	8
8	7	9	1	2	5	6	4	3
6	2	4	3	8	9	7	1	5
1	6	5	9	3	4	8	7	2
7	4	8	6	5	2	9	3	1
9	3	2	7	1	8	4	5	6

378

7	6	8	9	4	1	2	5	3
5	4	3	6	2	8	1	7	9
1	9	2	5	7	3	4	6	8
2	5	7	8	3	6	9	1	4
9	8	1	7	5	4	3	2	6
4	3	6	2	1	9	7	8	5
3	2	9	1	8	5	6	4	7
6	1	5	4	9	7	8	3	2
8	7	4	3	6	2	5	9	1

379

1	9	6	5	8	3	4	7	2
4	5	8	7	2	6	3	1	9
3	2	7	1	9	4	6	5	8
5	6	3	2	7	9	1	8	4
2	8	4	6	3	1	5	9	7
7	1	9	4	5	8	2	6	3
6	3	5	8	4	7	9	2	1
9	7	1	3	6	2	8	4	5
8	4	2	9	1	5	7	3	6

380

9	5	7	8	2	3	1	6	4
1	8	6	5	4	7	3	2	9
2	4	3	9	1	6	8	7	5
8	2	4	7	9	5	6	1	3
3	9	5	1	6	2	4	8	7
6	7	1	3	8	4	5	9	2
5	3	9	6	7	1	2	4	8
4	1	8	2	3	9	7	5	6
7	6	2	4	5	8	9	3	1

381

6	8	9	2	7	3	5	1	4
2	7	1	6	4	5	8	9	3
3	5	4	1	9	8	6	2	7
5	4	2	9	6	7	3	8	1
7	6	3	4	8	1	9	5	2
9	1	8	3	5	2	4	7	6
8	3	5	7	2	4	1	6	9
4	2	6	5	1	9	7	3	8
1	9	7	8	3	6	2	4	5

382

7	6	3	4	8	2	9	5	1
1	2	9	5	7	3	8	6	4
4	8	5	9	6	1	7	2	3
9	7	8	6	3	5	4	1	2
2	3	6	1	4	7	5	8	9
5	1	4	8	2	9	3	7	6
6	4	2	3	5	8	1	9	7
8	9	7	2	1	4	6	3	5
3	5	1	7	9	6	2	4	8

383

6	8	4	9	1	3	2	7	5
5	3	2	8	7	6	1	4	9
7	1	9	4	2	5	3	6	8
4	6	5	2	3	1	8	9	7
2	7	1	5	8	9	6	3	4
8	9	3	6	4	7	5	1	2
3	5	7	1	9	8	4	2	6
1	2	8	7	6	4	9	5	3
9	4	6	3	5	2	7	8	1

384

7	2	8	1	9	3	4	6	5
5	1	6	7	2	4	3	9	8
4	3	9	5	8	6	2	1	7
9	4	5	8	3	1	7	2	6
3	6	7	9	4	2	8	5	1
2	8	1	6	7	5	9	4	3
1	9	3	2	5	7	6	8	4
6	7	2	4	1	8	5	3	9
8	5	4	3	6	9	1	7	2

385

7	4	8	5	1	3	2	6	9
3	6	5	9	2	8	7	4	1
2	1	9	6	7	4	5	8	3
8	9	2	3	4	6	1	5	7
6	5	7	1	8	2	3	9	4
4	3	1	7	9	5	6	2	8
9	8	3	2	6	1	4	7	5
5	2	4	8	3	7	9	1	6
1	7	6	4	5	9	8	3	2

386

3	7	4	9	6	8	2	1	5
1	6	2	4	3	5	7	9	8
8	9	5	7	1	2	4	3	6
9	1	7	2	8	3	5	6	4
4	2	6	5	7	1	9	8	3
5	3	8	6	4	9	1	2	7
6	4	1	3	2	7	8	5	9
7	8	9	1	5	6	3	4	2
2	5	3	8	9	4	6	7	1

387

7	3	5	9	6	1	4	2	8
2	4	6	3	8	5	7	1	9
8	9	1	7	4	2	3	6	5
4	2	9	8	7	6	1	5	3
3	1	7	4	5	9	6	8	2
6	5	8	2	1	3	9	7	4
1	6	4	5	9	8	2	3	7
5	7	2	6	3	4	8	9	1
9	8	3	1	2	7	5	4	6

388

6	8	1	2	7	3	5	9	4
7	4	5	6	8	9	3	2	1
3	2	9	1	5	4	7	8	6
9	3	4	5	6	8	1	7	2
5	1	7	4	3	2	8	6	9
8	6	2	9	1	7	4	3	5
4	7	6	8	9	1	2	5	3
2	5	8	3	4	6	9	1	7
1	9	3	7	2	5	6	4	8

389

5	7	9	3	4	1	8	6	2
3	1	4	6	8	2	5	7	9
8	2	6	9	5	7	3	1	4
9	4	5	8	7	6	2	3	1
6	3	1	2	9	5	4	8	7
2	8	7	1	3	4	6	9	5
1	9	8	5	2	3	7	4	6
7	5	3	4	6	9	1	2	8
4	6	2	7	1	8	9	5	3

390

9	8	2	1	3	5	4	7	6
6	1	5	8	4	7	3	2	9
3	7	4	9	6	2	8	1	5
8	5	6	3	2	9	1	4	7
4	9	3	5	7	1	2	6	8
1	2	7	4	8	6	9	5	3
7	6	1	2	9	8	5	3	4
2	3	9	7	5	4	6	8	1
5	4	8	6	1	3	7	9	2

391

5	6	8	1	4	7	2	3	9
9	7	3	2	8	6	1	4	5
4	1	2	3	9	5	7	6	8
6	3	9	4	5	2	8	1	7
7	2	5	8	3	1	4	9	6
1	8	4	6	7	9	3	5	2
3	9	1	5	2	8	6	7	4
2	5	6	7	1	4	9	8	3
8	4	7	9	6	3	5	2	1

392

2	8	1	5	6	4	7	9	3
9	7	4	2	3	1	8	5	6
5	3	6	8	7	9	4	1	2
4	1	5	3	2	8	6	7	9
7	2	3	4	9	6	5	8	1
6	9	8	7	1	5	2	3	4
3	4	2	9	8	7	1	6	5
8	6	9	1	5	2	3	4	7
1	5	7	6	4	3	9	2	8

393

3	4	2	9	1	8	7	6	5
7	9	8	4	6	5	2	3	1
1	6	5	2	3	7	9	4	8
9	2	3	1	4	6	8	5	7
4	5	7	3	8	9	1	2	6
6	8	1	7	5	2	4	9	3
8	7	4	5	9	3	6	1	2
5	1	6	8	2	4	3	7	9
2	3	9	6	7	1	5	8	4

394

5	8	4	7	1	3	6	2	9
6	3	7	2	8	9	5	4	1
1	9	2	6	4	5	8	7	3
3	4	6	9	2	7	1	5	8
7	5	1	4	6	8	3	9	2
8	2	9	5	3	1	4	6	7
4	6	3	8	9	2	7	1	5
9	1	5	3	7	4	2	8	6
2	7	8	1	5	6	9	3	4

395

1	7	6	3	2	5	4	8	9
5	2	8	9	4	7	6	3	1
9	4	3	8	1	6	5	2	7
8	9	5	7	3	4	2	1	6
7	1	4	2	6	8	3	9	5
3	6	2	1	5	9	7	4	8
4	3	7	5	9	1	8	6	2
6	8	9	4	7	2	1	5	3
2	5	1	6	8	3	9	7	4

396

8	9	2	5	1	3	6	4	7
6	1	3	7	4	2	8	9	5
5	4	7	9	8	6	2	3	1
4	5	9	6	7	8	3	1	2
7	8	6	2	3	1	9	5	4
2	3	1	4	9	5	7	6	8
3	7	5	1	2	9	4	8	6
9	6	4	8	5	7	1	2	3
1	2	8	3	6	4	5	7	9

397

4	8	9	7	1	5	2	3	6
2	6	7	3	8	9	1	4	5
1	3	5	6	4	2	7	9	8
3	9	2	1	7	8	6	5	4
7	5	1	4	9	6	3	8	2
8	4	6	2	5	3	9	7	1
6	7	3	5	2	4	8	1	9
9	1	4	8	6	7	5	2	3
5	2	8	9	3	1	4	6	7

398

1	8	9	3	7	4	2	6	5
3	6	7	5	2	8	1	9	4
5	2	4	6	1	9	7	3	8
7	5	3	9	4	6	8	2	1
9	4	2	1	8	5	6	7	3
8	1	6	2	3	7	5	4	9
6	9	1	4	5	2	3	8	7
2	3	8	7	9	1	4	5	6
4	7	5	8	6	3	9	1	2

399

4	8	1	5	3	2	6	7	9
5	3	9	4	6	7	2	1	8
7	2	6	8	1	9	5	3	4
9	1	5	2	7	4	3	8	6
2	6	7	1	8	3	9	4	5
8	4	3	6	9	5	7	2	1
6	9	2	7	4	8	1	5	3
1	7	8	3	5	6	4	9	2
3	5	4	9	2	1	8	6	7

400

1	4	7	3	2	6	5	8	9
9	8	3	1	5	4	6	7	2
5	2	6	7	8	9	3	4	1
7	6	1	5	3	8	9	2	4
2	3	8	9	4	1	7	5	6
4	5	9	2	6	7	1	3	8
8	9	5	4	1	3	2	6	7
3	1	4	6	7	2	8	9	5
6	7	2	8	9	5	4	1	3

401

7	9	6	8	1	5	3	2	4
3	8	4	9	2	6	7	1	5
2	5	1	7	4	3	6	9	8
9	2	3	6	5	7	4	8	1
4	6	8	3	9	1	5	7	2
5	1	7	2	8	4	9	3	6
6	7	5	1	3	8	2	4	9
1	3	2	4	6	9	8	5	7
8	4	9	5	7	2	1	6	3

402

1	7	6	2	4	5	3	9	8
9	3	2	1	8	7	4	5	6
4	8	5	9	6	3	1	2	7
2	1	7	4	9	6	8	3	5
3	9	8	5	2	1	6	7	4
6	5	4	3	7	8	9	1	2
5	2	9	6	3	4	7	8	1
8	4	1	7	5	9	2	6	3
7	6	3	8	1	2	5	4	9

403

5	9	7	1	4	8	3	2	6
1	8	2	3	5	6	7	4	9
4	3	6	9	2	7	1	8	5
3	6	5	7	1	2	4	9	8
8	2	4	6	3	9	5	7	1
7	1	9	5	8	4	2	6	3
2	5	8	4	6	1	9	3	7
6	7	3	2	9	5	8	1	4
9	4	1	8	7	3	6	5	2

404

2	5	3	9	8	1	7	6	4
9	4	7	6	5	2	1	8	3
1	8	6	7	3	4	9	2	5
6	1	9	5	4	7	2	3	8
5	3	2	8	1	6	4	7	9
8	7	4	2	9	3	5	1	6
7	2	5	3	6	9	8	4	1
4	6	8	1	7	5	3	9	2
3	9	1	4	2	8	6	5	7

405

9	2	1	4	5	3	6	8	7
8	6	3	7	1	9	5	4	2
4	5	7	6	2	8	9	1	3
5	1	9	8	7	6	2	3	4
6	4	8	2	3	5	7	9	1
3	7	2	1	9	4	8	5	6
7	9	5	3	4	2	1	6	8
1	8	4	5	6	7	3	2	9
2	3	6	9	8	1	4	7	5

406

5	1	7	2	9	8	3	6	4
3	8	9	5	6	4	7	2	1
4	6	2	3	7	1	8	5	9
2	4	6	9	8	3	1	7	5
9	7	3	4	1	5	6	8	2
1	5	8	7	2	6	9	4	3
7	2	5	6	3	9	4	1	8
8	9	4	1	5	7	2	3	6
6	3	1	8	4	2	5	9	7

407

1	8	3	5	2	9	4	6	7
9	7	2	1	6	4	3	8	5
5	4	6	7	8	3	9	1	2
2	6	8	9	3	5	1	7	4
3	9	7	6	4	1	2	5	8
4	1	5	2	7	8	6	3	9
8	2	1	3	9	7	5	4	6
7	3	9	4	5	6	8	2	1
6	5	4	8	1	2	7	9	3

408

3	8	2	1	4	7	6	9	5
6	1	9	5	8	3	2	4	7
5	7	4	9	6	2	8	1	3
7	2	5	8	3	1	4	6	9
1	9	3	4	2	6	5	7	8
4	6	8	7	5	9	1	3	2
8	4	6	3	9	5	7	2	1
2	3	1	6	7	8	9	5	4
9	5	7	2	1	4	3	8	6

409

5	3	7	8	1	9	2	4	6
4	1	8	5	2	6	9	7	3
9	6	2	7	3	4	5	8	1
8	7	1	4	9	2	6	3	5
6	9	4	3	8	5	1	2	7
2	5	3	1	6	7	4	9	8
7	2	9	6	5	8	3	1	4
1	4	5	9	7	3	8	6	2
3	8	6	2	4	1	7	5	9

410

3	2	6	8	7	1	5	4	9
9	8	5	6	3	4	7	1	2
4	1	7	2	9	5	3	8	6
6	3	2	1	8	7	4	9	5
1	5	4	3	2	9	6	7	8
8	7	9	4	5	6	1	2	3
2	4	8	5	1	3	9	6	7
7	6	3	9	4	2	8	5	1
5	9	1	7	6	8	2	3	4

411

7	8	1	6	5	9	3	4	2
3	5	6	4	7	2	9	1	8
2	9	4	3	1	8	6	7	5
6	3	8	2	4	5	7	9	1
9	4	2	1	3	7	8	5	6
5	1	7	8	9	6	4	2	3
8	6	9	5	2	4	1	3	7
1	7	5	9	6	3	2	8	4
4	2	3	7	8	1	5	6	9

412

8	2	1	7	3	6	5	4	9
5	3	4	9	1	8	6	7	2
7	9	6	2	4	5	8	3	1
9	6	5	4	7	3	2	1	8
2	1	3	8	5	9	7	6	4
4	8	7	6	2	1	3	9	5
3	7	2	1	8	4	9	5	6
6	4	8	5	9	7	1	2	3
1	5	9	3	6	2	4	8	7

413

7	4	8	2	9	5	6	1	3
9	5	3	1	6	7	2	8	4
1	2	6	8	3	4	9	7	5
2	3	1	9	8	6	4	5	7
4	8	7	5	2	1	3	6	9
6	9	5	7	4	3	8	2	1
3	7	4	6	5	8	1	9	2
8	1	9	3	7	2	5	4	6
5	6	2	4	1	9	7	3	8

414

4	7	1	3	8	9	2	5	6
9	2	6	5	1	7	3	4	8
5	3	8	4	6	2	1	7	9
2	6	5	1	4	8	7	9	3
1	8	4	7	9	3	6	2	5
7	9	3	2	5	6	8	1	4
8	4	7	9	3	1	5	6	2
6	5	2	8	7	4	9	3	1
3	1	9	6	2	5	4	8	7

415

7	1	4	9	3	6	2	5	8
3	2	9	8	5	7	6	1	4
5	6	8	1	2	4	7	9	3
8	9	7	5	1	2	3	4	6
2	4	5	3	6	8	1	7	9
6	3	1	4	7	9	8	2	5
1	7	3	6	9	5	4	8	2
4	5	6	2	8	1	9	3	7
9	8	2	7	4	3	5	6	1

416

8	1	4	6	9	7	2	5	3
3	5	7	1	4	2	8	6	9
2	6	9	5	8	3	4	1	7
4	9	3	7	5	8	1	2	6
7	8	6	3	2	1	9	4	5
1	2	5	9	6	4	3	7	8
9	3	1	2	7	5	6	8	4
6	7	8	4	1	9	5	3	2
5	4	2	8	3	6	7	9	1

417

7	8	1	2	6	9	5	4	3
9	4	6	3	8	5	2	7	1
3	2	5	1	4	7	6	8	9
1	5	9	6	7	4	8	3	2
6	3	4	5	2	8	9	1	7
8	7	2	9	1	3	4	5	6
4	9	8	7	3	2	1	6	5
2	1	7	8	5	6	3	9	4
5	6	3	4	9	1	7	2	8

418

7	5	1	9	4	2	8	6	3
8	9	2	6	3	7	1	5	4
6	3	4	1	8	5	9	7	2
5	6	7	2	1	4	3	8	9
2	1	3	8	6	9	7	4	5
4	8	9	7	5	3	6	2	1
9	7	8	4	2	1	5	3	6
3	2	6	5	9	8	4	1	7
1	4	5	3	7	6	2	9	8

419

8	9	4	7	5	2	6	1	3
3	5	2	1	9	6	8	7	4
6	7	1	8	3	4	5	2	9
2	6	9	4	8	1	7	3	5
1	8	7	5	2	3	4	9	6
4	3	5	6	7	9	2	8	1
5	1	8	9	6	7	3	4	2
7	4	3	2	1	5	9	6	8
9	2	6	3	4	8	1	5	7

420

7	4	8	3	1	6	5	2	9
3	2	1	4	5	9	7	6	8
9	5	6	7	2	8	4	3	1
4	1	3	9	7	5	2	8	6
2	7	9	6	8	1	3	4	5
6	8	5	2	3	4	9	1	7
5	6	7	8	4	3	1	9	2
8	3	2	1	9	7	6	5	4
1	9	4	5	6	2	8	7	3

421

8	3	1	4	5	7	10	2	6	9
6	7	2	10	9	1	4	5	3	8
1	10	9	6	3	5	8	7	4	2
2	5	4	7	8	9	3	10	1	6
9	6	3	1	7	10	2	8	5	4
10	4	8	5	2	6	7	1	9	3
5	9	10	2	6	4	1	3	8	7
3	1	7	8	4	2	9	6	10	5
7	8	6	9	10	3	5	4	2	1
4	2	5	3	1	8	6	9	7	10

422

1	8	10	6	4	5	9	3	2	7
3	9	7	2	5	4	6	8	10	1
5	4	3	1	10	8	2	9	7	6
6	7	8	9	2	10	1	4	3	5
9	6	2	5	8	3	10	7	1	4
4	10	1	3	7	9	8	6	5	2
2	5	4	8	9	7	3	1	6	10
10	3	6	7	1	2	4	5	9	8
7	2	9	4	6	1	5	10	8	3
8	1	5	10	3	6	7	2	4	9

423

6	7	3	10	4	1	5	8	2	9
5	2	1	8	9	4	10	7	3	6
10	5	8	7	6	2	4	9	1	3
9	1	2	4	3	10	6	5	8	7
2	9	10	6	5	8	7	3	4	1
7	3	4	1	8	6	9	2	5	10
4	6	9	3	2	7	8	1	10	5
1	8	7	5	10	3	2	6	9	4
8	4	6	9	1	5	3	10	7	2
3	10	5	2	7	9	1	4	6	8

424

9	6	7	10	2	5	1	4	8	3
4	8	1	3	5	7	2	9	10	6
5	4	8	2	3	6	10	7	1	9
10	7	9	1	6	3	4	8	2	5
3	9	2	4	1	8	7	5	6	10
8	5	6	7	10	4	3	2	9	1
6	2	5	8	7	10	9	1	3	4
1	3	10	9	4	2	8	6	5	7
2	10	4	5	9	1	6	3	7	8
7	1	3	6	8	9	5	10	4	2

425

4	2	10	9	3	8	7	1	5	6
6	5	7	8	1	3	9	2	4	10
3	9	1	10	7	6	2	5	8	4
2	8	5	4	6	1	10	7	9	3
7	1	3	5	10	9	4	8	6	2
8	4	9	6	2	7	5	3	10	1
5	10	2	3	9	4	1	6	7	8
1	6	4	7	8	10	3	9	2	5
9	3	8	2	4	5	6	10	1	7
10	7	6	1	5	2	8	4	3	9

426

3	2	6	1	5	7	8	10	9	4
9	10	7	4	8	3	6	1	5	2
10	3	1	6	2	9	4	7	8	5
8	7	9	5	4	6	3	2	1	10
7	9	3	8	10	4	1	5	2	6
6	5	4	2	1	10	7	9	3	8
4	8	5	7	9	1	2	6	10	3
1	6	2	10	3	8	5	4	7	9
5	4	8	9	7	2	10	3	6	1
2	1	10	3	6	5	9	8	4	7

427

5	1	4	2	9	3	10	8	6	7
3	10	8	7	6	1	4	5	9	2
4	3	2	9	10	6	5	7	1	8
6	7	5	8	1	10	2	9	4	3
9	8	7	4	2	5	6	1	3	10
10	5	1	6	3	8	9	2	7	4
8	6	9	10	4	7	1	3	2	5
1	2	3	5	7	4	8	6	10	9
2	4	6	3	8	9	7	10	5	1
7	9	10	1	5	2	3	4	8	6

428

6	5	8	9	3	1	4	2	7	10
10	2	7	4	1	8	6	3	5	9
1	3	5	2	7	9	10	6	4	8
4	9	10	6	8	3	5	1	2	7
5	8	2	1	6	10	9	7	3	4
7	10	4	3	9	6	1	5	8	2
9	4	1	8	2	7	3	10	6	5
3	7	6	10	5	4	2	8	9	1
8	1	3	5	4	2	7	9	10	6
2	6	9	7	10	5	8	4	1	3

429

10	6	7	5	8	3	2	4	9	1
4	2	3	1	9	5	6	7	10	8
3	7	9	10	6	8	5	1	2	4
2	1	5	8	4	7	9	3	6	10
8	3	6	9	1	2	7	10	4	5
7	10	2	4	5	9	8	6	1	3
1	4	8	6	2	10	3	5	7	9
9	5	10	7	3	1	4	2	8	6
6	9	1	3	7	4	10	8	5	2
5	8	4	2	10	6	1	9	3	7

430

6	4	10	5	1	9	3	7	2	8
9	2	3	8	7	6	4	5	1	10
4	5	7	9	6	1	10	3	8	2
3	1	2	10	8	4	7	6	5	9
1	9	8	4	3	10	6	2	7	5
10	6	5	7	2	3	9	8	4	1
5	3	6	1	10	2	8	4	9	7
7	8	4	2	9	5	1	10	3	6
2	7	9	6	4	8	5	1	10	3
8	10	1	3	5	7	2	9	6	4

431

7	3	4	5	2	6	9	1	8	10
6	9	1	10	8	4	7	5	2	3
8	6	3	1	9	10	5	7	4	2
2	5	7	4	10	9	3	6	1	8
9	1	6	3	7	8	2	10	5	4
5	2	10	8	4	7	1	9	3	6
3	10	2	6	1	5	8	4	9	7
4	7	8	9	5	3	10	2	6	1
1	8	5	7	6	2	4	3	10	9
10	4	9	2	3	1	6	8	7	5

432

9	2	8	5	3	6	1	7	4	10
1	7	4	10	6	3	5	9	2	8
2	5	3	1	10	8	9	6	7	4
7	8	9	6	4	2	3	10	1	5
3	1	2	7	5	10	4	8	6	9
4	10	6	9	8	1	7	2	5	3
5	9	10	8	7	4	6	1	3	2
6	3	1	4	2	9	8	5	10	7
10	6	7	3	9	5	2	4	8	1
8	4	5	2	1	7	10	3	9	6

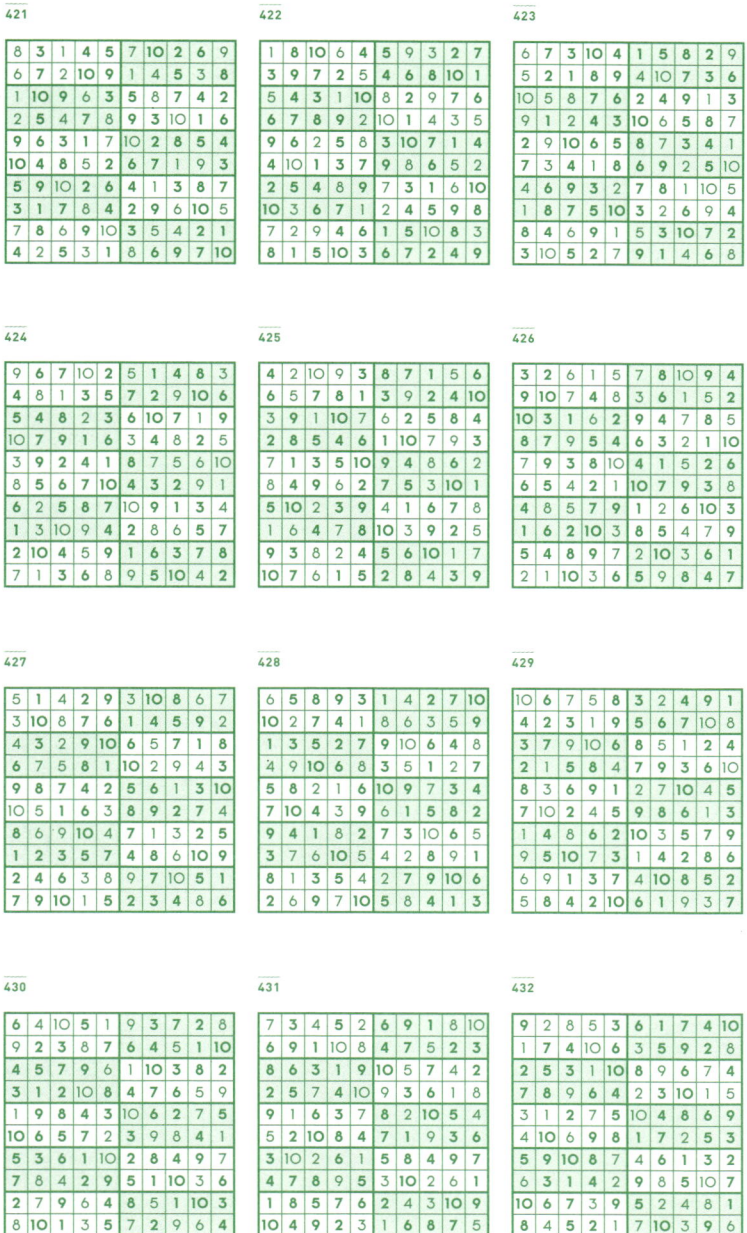

433

7	4	1	9	2	3	6	10	5	8
3	8	10	5	6	9	1	4	2	7
9	3	5	10	7	4	2	8	1	6
6	2	8	4	1	10	9	5	7	3
5	7	3	6	10	8	4	1	9	2
1	9	4	2	8	6	10	7	3	5
8	10	9	7	5	2	3	6	4	1
4	6	2	1	3	7	5	9	8	10
2	5	6	8	9	1	7	3	10	4
10	1	7	3	4	5	8	2	6	9

434

7	2	8	9	5	6	10	4	1	3
1	6	4	3	10	9	2	7	5	8
8	5	10	2	6	4	3	1	7	9
9	1	3	4	7	5	6	10	8	2
5	10	9	7	2	3	8	6	4	1
3	4	1	6	8	7	9	2	10	5
4	8	6	1	9	10	5	3	2	7
2	7	5	10	3	8	1	9	6	4
10	3	7	5	1	2	4	8	9	6
6	9	2	8	4	1	7	5	3	10

435

6	9	10	4	7	2	3	8	1	5
8	3	1	5	2	7	4	10	9	6
4	2	8	3	10	9	6	5	7	1
1	6	7	9	5	3	2	4	8	10
9	4	2	10	6	5	8	1	3	7
5	7	3	8	1	10	9	6	4	2
3	10	6	1	4	8	5	7	2	9
2	8	5	7	9	6	1	3	10	4
10	1	9	6	8	4	7	2	5	3
7	5	4	2	3	1	10	9	6	8

436

10	7	5	4	6	9	3	2	1	8
8	3	2	9	1	7	5	4	6	10
9	4	8	3	5	6	2	10	7	1
1	6	10	2	7	8	4	3	5	9
4	1	6	8	3	5	9	7	10	2
2	5	7	10	9	4	6	1	8	3
6	9	4	1	10	3	8	5	2	7
5	8	3	7	2	1	10	6	9	4
7	10	9	6	4	2	1	8	3	5
3	2	1	5	8	10	7	9	4	6

437

3	2	4	9	10	5	7	6	1	8
7	5	6	8	1	10	2	4	9	3
2	4	1	5	7	8	10	3	6	9
9	8	10	6	3	7	4	5	2	1
8	1	7	2	6	3	9	10	5	4
4	10	9	3	5	6	1	2	8	7
5	6	2	4	9	1	8	7	3	10
1	7	3	10	8	2	6	9	4	5
6	3	8	7	4	9	5	1	10	2
10	9	5	1	2	4	3	8	7	6

438

6	10	4	8	5	7	3	9	2	1
1	9	3	7	2	5	8	4	6	10
4	6	2	9	1	10	5	7	8	3
10	7	5	3	8	4	1	6	9	2
5	2	8	10	4	3	6	1	7	9
3	1	9	6	7	8	10	2	5	4
8	5	6	2	3	9	4	10	1	7
7	4	10	1	9	6	2	8	3	5
2	3	7	4	6	1	9	5	10	8
9	8	1	5	10	2	7	3	4	6

439

3	5	1	8	10	6	9	7	2	4
2	9	6	7	4	3	5	10	8	1
5	2	9	4	1	8	10	3	7	6
6	10	7	3	8	2	1	5	4	9
10	3	8	2	9	4	6	1	5	7
7	1	4	5	6	10	3	8	9	2
4	8	10	9	5	1	7	2	6	3
1	7	2	6	3	9	8	4	10	5
9	4	3	10	7	5	2	6	1	8
8	6	5	1	2	7	4	9	3	10

440

1	4	2	6	7	8	5	9	10	3
10	9	3	8	5	6	1	2	7	4
5	3	7	10	2	4	6	1	8	9
8	1	9	4	6	10	2	5	3	7
6	8	5	7	9	1	3	4	2	10
2	10	1	3	4	7	9	8	5	6
9	7	6	5	3	2	8	10	4	1
4	2	8	1	10	3	7	6	9	5
7	6	10	9	8	5	4	3	1	2
3	5	4	2	1	9	10	7	6	8

441

2	7	9	6	5	10	8	1	3	4
4	1	8	10	3	7	5	6	2	9
6	5	7	1	10	2	4	8	9	3
3	8	4	2	9	1	7	5	6	10
10	3	5	4	7	9	6	2	8	1
1	9	2	8	6	4	10	3	5	7
8	6	1	9	4	3	2	7	10	5
7	10	3	5	2	8	9	4	1	6
5	2	10	7	1	6	3	9	4	8
9	4	6	3	8	5	1	10	7	2

442

9	2	8	6	5	1	10	7	3	4
4	7	3	1	10	6	9	8	2	5
7	1	10	2	3	4	8	6	5	9
8	9	5	4	6	10	3	2	7	1
6	4	2	3	8	9	1	5	10	7
5	10	7	9	1	3	2	4	6	8
1	3	9	8	7	5	6	10	4	2
10	6	4	5	2	8	7	1	9	3
3	8	6	7	4	2	5	9	1	10
2	5	1	10	9	7	4	3	8	6

443

2	8	6	1	9	5	3	10	7	4
7	5	10	4	3	8	1	9	2	6
6	4	7	2	1	10	5	3	8	9
5	3	9	10	8	6	4	7	1	2
10	2	1	3	6	7	9	4	5	8
4	9	8	5	7	1	6	2	3	10
8	6	4	7	5	2	10	1	9	3
3	1	2	9	10	4	8	5	6	7
9	7	5	8	4	3	2	6	10	1
1	10	3	6	2	9	7	8	4	5

444

7	9	4	8	2	10	3	5	6	1
6	1	5	3	10	9	7	2	8	4
4	3	10	6	5	1	2	9	7	8
2	8	9	1	7	3	5	4	10	6
9	10	8	2	4	5	6	1	3	7
3	7	6	5	1	8	4	10	2	9
8	2	1	7	6	4	9	3	5	10
5	4	3	10	9	7	8	6	1	2
10	5	2	4	8	6	1	7	9	3
1	6	7	9	3	2	10	8	4	5

445

2	10	3	1	4	8	6	9	7	5
9	7	8	6	5	4	1	3	2	10
6	3	7	4	1	10	9	2	5	8
8	5	2	9	10	6	3	1	4	7
5	2	6	3	9	7	10	4	8	1
1	8	4	10	7	3	2	5	6	9
4	6	9	5	3	1	7	8	10	2
7	1	10	2	8	5	4	6	9	3
10	4	1	8	2	9	5	7	3	6
3	9	5	7	6	2	8	10	1	4

446

3	7	5	8	6	4	9	1	2	10
9	10	4	1	2	8	3	7	5	6
2	6	9	5	3	10	8	4	1	7
10	4	8	7	1	9	5	3	6	2
6	9	2	3	8	7	4	5	10	1
5	1	10	4	7	2	6	9	8	3
7	8	3	2	10	5	1	6	9	4
1	5	6	9	4	3	2	10	7	8
8	3	1	10	5	6	7	2	4	9
4	2	7	6	9	1	10	8	3	5

447

6	2	7	5	3	9	4	8	1	10
4	1	9	8	10	5	7	6	3	2
5	9	8	7	4	10	6	3	2	1
10	3	6	1	2	4	5	7	8	9
3	10	5	6	8	1	2	4	9	7
2	7	1	4	9	3	8	10	5	6
1	6	10	9	5	8	3	2	7	4
8	4	3	2	7	6	1	9	10	5
9	5	2	3	6	7	10	1	4	8
7	8	4	10	1	2	9	5	6	3

448

4	10	8	7	1	9	2	6	3	5
3	9	6	5	2	7	1	8	4	10
2	5	10	8	4	1	3	7	9	6
9	6	3	1	7	5	10	4	8	2
10	2	5	4	8	3	6	9	7	1
6	1	7	9	3	2	4	5	10	8
7	8	9	2	10	4	5	1	6	3
5	4	1	3	6	8	7	10	2	9
8	7	2	10	5	6	9	3	1	4
1	3	4	6	9	10	8	2	5	7

449

2	6	3	9	1	4	8	7	10	5
5	7	8	4	10	9	2	6	1	3
3	1	7	10	4	5	6	9	8	2
8	5	6	2	9	3	10	4	7	1
10	4	5	1	2	7	9	8	3	6
6	8	9	7	3	2	5	1	4	10
7	10	2	3	6	1	4	5	9	8
1	9	4	5	8	6	3	10	2	7
9	2	1	8	5	10	7	3	6	4
4	3	10	6	7	8	1	2	5	9

450

10	1	7	2	8	5	9	6	4	3
4	5	9	6	3	8	1	2	7	10
9	3	1	10	4	2	6	7	8	5
7	6	5	8	2	1	4	10	3	9
5	9	3	7	6	4	8	1	10	2
2	10	8	4	1	3	5	9	6	7
1	7	6	3	10	9	2	4	5	8
8	4	2	9	5	7	10	3	1	6
6	2	4	5	7	10	3	8	9	1
3	8	10	1	9	6	7	5	2	4

451

1	8	2	9	10	5	3	7	4	6
4	6	3	5	7	8	10	1	2	9
10	7	8	1	9	4	5	3	6	2
2	5	4	6	3	9	1	8	10	7
6	1	5	4	8	3	9	2	7	10
9	3	7	10	2	1	4	6	8	5
7	4	9	2	5	6	8	10	3	1
8	10	1	3	6	2	7	9	5	4
5	2	10	8	1	7	6	4	9	3
3	9	6	7	4	10	2	5	1	8

452

8	7	6	5	9	1	2	10	3	4
4	2	3	10	1	9	8	5	6	7
10	4	9	1	5	7	3	8	2	6
3	8	7	2	6	5	1	4	10	9
2	6	1	3	10	4	7	9	5	8
9	5	8	4	7	3	10	6	1	2
5	9	4	8	3	10	6	2	7	1
6	1	10	7	2	8	4	3	9	5
1	3	5	6	8	2	9	7	4	10
7	10	2	9	4	6	5	1	8	3

453

8	6	5	10	9	4	1	7	3	2
2	3	7	1	4	10	6	8	5	9
10	5	8	3	2	1	7	9	6	4
6	7	4	9	1	5	8	3	2	10
7	8	1	4	5	3	2	10	9	6
3	9	2	6	10	7	4	1	8	5
4	1	9	8	6	2	3	5	10	7
5	10	3	2	7	8	9	6	4	1
1	4	6	5	8	9	10	2	7	3
9	2	10	7	3	6	5	4	1	8

454

1	3	9	7	5	2	6	8	10	4
2	10	8	4	6	5	3	7	9	1
7	4	6	2	10	1	9	3	5	8
8	1	3	5	9	4	10	2	6	7
6	2	1	9	8	3	5	4	7	10
5	7	4	10	3	6	2	1	8	9
9	8	10	3	2	7	1	6	4	5
4	6	5	1	7	9	8	10	2	3
10	5	7	6	1	8	4	9	3	2
3	9	2	8	4	10	7	5	1	6

455

1	7	6	3	9	8	2	10	4	5
10	5	2	8	4	7	1	9	3	6
4	2	8	10	3	6	9	5	7	1
7	9	1	6	5	3	4	2	8	10
8	10	7	2	1	5	3	4	6	9
3	4	9	5	6	2	7	1	10	8
9	3	10	1	7	4	8	6	5	2
2	6	5	4	8	1	10	7	9	3
5	8	4	9	2	10	6	3	1	7
6	1	3	7	10	9	5	8	2	4

456

9	10	3	2	4	1	8	5	7	6
7	8	1	5	6	4	10	2	3	9
2	5	6	10	8	7	9	3	4	1
3	4	9	7	1	6	5	10	8	2
10	9	7	8	3	2	4	6	1	5
4	6	2	1	5	8	3	9	10	7
8	2	4	3	9	5	1	7	6	10
1	7	5	6	10	3	2	8	9	4
5	1	8	9	7	10	6	4	2	3
6	3	10	4	2	9	7	1	5	8

457

2	10	3	5	9	4	1	7	6	8
4	7	1	8	6	3	10	5	2	9
8	4	7	1	3	6	2	10	9	5
9	6	10	2	5	8	3	1	4	7
10	2	9	7	8	1	6	3	5	4
6	5	4	3	1	7	8	9	10	2
1	3	5	6	2	9	4	8	7	10
7	9	8	4	10	2	5	6	3	1
5	1	6	9	4	10	7	2	8	3
3	8	2	10	7	5	9	4	1	6

458

10	9	2	4	3	6	1	8	5	7
5	8	7	6	1	3	2	10	9	4
8	4	5	3	9	1	7	2	10	6
6	10	1	7	2	9	5	4	8	3
3	6	9	1	10	7	4	5	2	8
4	5	8	2	7	10	6	3	1	9
7	2	4	9	5	8	10	6	3	1
1	3	6	10	8	5	9	7	4	2
2	1	10	8	6	4	3	9	7	5
9	7	3	5	4	2	8	1	6	10

459

8	2	5	1	10	3	9	6	4	7
6	3	9	7	4	1	8	2	10	5
3	5	1	4	2	9	6	10	7	8
7	9	6	10	8	2	5	4	3	1
4	10	8	2	1	5	7	3	6	9
9	6	7	3	5	10	2	1	8	4
1	4	2	6	9	8	10	7	5	3
5	7	10	8	3	4	1	9	2	6
2	1	4	5	6	7	3	8	9	10
10	8	3	9	7	6	4	5	1	2

460

2	7	10	4	1	6	5	3	9	8
3	9	8	5	6	7	10	4	2	1
6	5	1	10	9	3	7	2	8	4
4	3	2	8	7	5	1	9	10	6
8	1	7	2	4	9	3	6	5	10
5	6	9	3	10	2	4	8	1	7
9	4	5	7	8	1	2	10	6	3
10	2	6	1	3	4	8	5	7	9
7	8	3	9	2	10	6	1	4	5
1	10	4	6	5	8	9	7	3	2

461

4	1	5	6	8	7	9	2	10	3
3	10	9	7	2	5	4	8	6	1
7	6	2	1	9	10	3	5	8	4
5	3	4	8	10	6	2	1	7	9
9	7	1	5	4	8	10	6	3	2
6	8	10	2	3	4	5	9	1	7
8	2	3	9	6	1	7	4	5	10
10	5	7	4	1	2	8	3	9	6
2	9	6	10	5	3	1	7	4	8
1	4	8	3	7	9	6	10	2	5

462

9	7	6	3	10	5	4	1	8	2
4	5	2	8	1	6	10	3	7	9
2	9	5	6	8	10	3	7	4	1
7	1	4	10	3	8	2	6	9	5
6	10	3	5	7	2	9	4	1	8
1	4	8	9	2	3	6	5	10	7
3	2	10	7	5	1	8	9	6	4
8	6	9	1	4	7	5	2	3	10
10	3	1	2	9	4	7	8	5	6
5	8	7	4	6	9	1	10	2	3

463

5	11	2	7	8	4	9	3	10	6	12	1
1	8	6	3	10	12	5	7	11	4	2	9
12	4	9	10	11	1	2	6	8	7	5	3
4	5	11	9	3	2	8	12	1	10	7	6
7	2	10	12	6	5	1	4	3	9	8	11
3	6	1	8	9	10	7	11	2	12	4	5
10	1	8	6	2	7	12	9	5	3	11	4
11	7	12	5	4	8	3	10	6	1	9	2
9	3	4	2	1	11	6	5	7	8	10	12
6	10	3	4	5	9	11	8	12	2	1	7
2	9	7	11	12	3	10	1	4	5	6	8
8	12	5	1	7	6	4	2	9	11	3	10

464

10	6	8	5	3	12	2	11	4	9	7	1
9	4	2	11	6	1	7	10	8	12	3	5
3	1	12	7	5	9	4	8	10	2	6	11
12	7	6	8	10	3	1	9	5	11	4	2
5	3	11	2	7	8	12	4	1	6	10	9
1	9	10	4	2	11	5	6	7	3	12	8
2	10	7	1	8	6	11	3	12	5	9	4
6	8	3	9	4	5	10	12	11	1	2	7
4	11	5	12	1	2	9	7	6	10	8	3
7	12	1	6	11	4	3	2	9	8	5	10
11	2	9	10	12	7	8	5	3	4	1	6
8	5	4	3	9	10	6	1	2	7	11	12

465

8	9	2	10	4	5	7	3	1	11	12	6
12	6	5	11	9	8	1	10	7	3	4	2
4	1	3	7	2	11	6	12	5	9	10	8
9	2	7	3	10	12	5	6	11	4	8	1
6	12	10	1	3	4	8	11	9	5	2	7
11	5	8	4	7	9	2	1	10	12	6	3
3	7	11	5	6	2	9	8	12	10	1	4
2	8	1	12	11	7	10	4	3	6	5	9
10	4	9	6	12	1	3	5	2	8	7	11
7	3	4	8	5	10	11	2	6	1	9	12
1	10	6	2	8	3	12	9	4	7	11	5
5	11	12	9	1	6	4	7	8	2	3	10

466

2	9	4	8	6	1	10	7	11	5	3	12
12	5	7	10	9	2	11	3	1	8	6	4
1	11	3	6	8	5	12	4	10	2	7	9
8	7	2	3	5	12	1	6	4	9	11	10
6	1	5	4	11	10	7	9	8	12	2	3
9	10	11	12	4	3	8	2	5	7	1	6
7	8	10	11	3	4	9	5	2	6	12	1
5	6	9	1	7	11	2	12	3	10	4	8
4	3	12	2	10	8	6	1	9	11	5	7
10	2	6	5	1	7	4	8	12	3	9	11
11	12	1	7	2	9	3	10	6	4	8	5
3	4	8	9	12	6	5	11	7	1	10	2

467

12	4	8	9	11	2	6	5	10	3	7	1
1	7	5	6	12	8	3	10	4	11	2	9
3	2	11	10	4	7	9	1	6	12	8	5
7	5	3	1	9	12	2	6	8	4	10	11
9	8	2	11	7	10	1	4	12	6	5	3
10	6	4	12	3	11	5	8	2	9	1	7
8	12	1	5	2	9	10	11	3	7	4	6
4	10	9	3	6	5	8	7	1	2	11	12
6	11	7	2	1	3	4	12	5	10	9	8
11	1	10	4	8	6	12	9	7	5	3	2
2	9	12	8	5	4	7	3	11	1	6	10
5	3	6	7	10	1	11	2	9	8	12	4

468

8	6	3	5	11	1	4	2	12	7	10	9
4	9	10	11	12	5	3	7	2	6	8	1
1	7	12	2	9	10	6	8	11	3	5	4
9	3	7	8	4	12	11	1	5	2	6	10
12	4	1	10	6	2	8	5	9	11	3	7
5	11	2	6	3	7	10	9	8	1	4	12
7	1	11	12	2	8	5	3	10	4	9	6
3	2	5	9	10	6	1	4	7	8	12	11
10	8	6	4	7	9	12	11	3	5	1	2
2	5	9	1	8	4	7	10	6	12	11	3
11	12	4	7	5	3	9	6	1	10	2	8
6	10	8	3	1	11	2	12	4	9	7	5

469

10	12	11	9	7	8	6	3	4	1	5	2
7	4	6	1	10	12	5	2	11	8	9	3
8	5	3	2	4	11	1	9	10	12	6	7
2	3	4	11	5	7	9	8	12	10	1	6
5	1	10	8	6	4	2	12	7	3	11	9
12	6	9	7	1	10	3	11	5	4	2	8
9	8	12	10	2	1	4	7	6	11	3	5
11	7	1	3	12	5	8	6	2	9	10	4
6	2	5	4	9	3	11	10	8	7	12	1
1	10	8	12	3	6	7	5	9	2	4	11
4	9	7	6	11	2	10	1	3	5	8	12
3	11	2	5	8	9	12	4	1	6	7	10

470

10	5	8	7	6	4	3	11	9	2	12	1
9	6	2	11	7	5	1	12	8	4	10	3
12	3	1	4	9	8	10	2	7	11	5	6
8	2	4	10	12	1	7	3	11	9	6	5
11	7	3	6	8	2	9	5	10	1	4	12
1	12	5	9	4	10	11	6	2	7	3	8
4	1	11	3	10	7	5	9	6	12	8	2
2	9	6	5	3	12	8	1	4	10	7	11
7	10	12	8	11	6	2	4	3	5	1	9
6	4	9	2	5	3	12	10	1	8	11	7
5	8	10	1	2	11	6	7	12	3	9	4
3	11	7	12	1	9	4	8	5	6	2	10

471

5	4	8	12	3	7	9	2	10	11	1	6
9	2	3	6	11	12	1	10	5	7	8	4
7	1	10	11	5	8	4	6	9	3	12	2
11	8	9	4	2	5	12	1	3	10	6	7
10	3	1	2	7	6	11	4	8	12	9	5
12	6	5	7	10	3	8	9	11	4	2	1
2	9	7	5	6	10	3	12	4	1	11	8
1	10	6	8	9	4	7	11	2	5	3	12
4	12	11	3	1	2	5	8	7	6	10	9
3	5	2	9	12	11	6	7	1	8	4	10
8	7	12	1	4	9	10	3	6	2	5	11
6	11	4	10	8	1	2	5	12	9	7	3

472

1	6	2	4	10	7	5	9	3	12	8	11
8	10	11	3	1	4	12	6	2	7	9	5
7	5	9	12	2	3	8	11	6	1	10	4
4	2	6	7	5	8	9	3	1	11	12	10
10	8	3	11	12	1	2	7	5	9	4	6
12	1	5	9	6	11	10	4	7	8	2	3
5	4	10	6	9	2	1	8	12	3	11	7
9	3	7	2	11	6	4	12	8	10	5	1
11	12	1	8	7	10	3	5	9	4	6	2
6	9	8	1	3	5	11	10	4	2	7	12
3	7	12	10	4	9	6	2	11	5	1	8
2	11	4	5	8	12	7	1	10	6	3	9

473

12	2	9	1	11	8	5	3	4	7	10	6
8	7	6	3	4	10	12	1	2	11	5	9
11	4	10	5	9	6	7	2	12	8	1	3
4	3	8	6	5	7	2	10	9	12	11	1
7	1	5	9	8	4	11	12	10	6	3	2
10	11	12	2	1	9	3	6	7	5	8	4
3	6	7	12	10	11	1	9	8	2	4	5
2	9	1	4	7	3	8	5	6	10	12	11
5	10	11	8	12	2	6	4	3	1	9	7
6	12	4	11	2	1	9	8	5	3	7	10
9	5	3	7	6	12	10	11	1	4	2	8
1	8	2	10	3	5	4	7	11	9	6	12

474

6	1	4	3	10	8	2	7	12	5	9	11
5	10	2	12	4	3	11	9	8	6	1	7
8	9	7	11	12	6	1	5	10	4	3	2
12	7	3	10	8	1	9	11	6	2	4	5
9	2	1	4	3	10	5	6	11	12	7	8
11	8	6	5	2	4	7	12	9	1	10	3
3	6	9	7	1	11	12	8	5	10	2	4
4	12	11	1	5	2	3	10	7	8	6	9
2	5	10	8	9	7	6	4	1	3	11	12
1	4	12	6	11	9	8	3	2	7	5	10
10	11	8	2	7	5	4	1	3	9	12	6
7	3	5	9	6	12	10	2	4	11	8	1

475

8	9	4	2	10	3	11	12	5	1	6	7
5	10	7	6	9	2	1	8	3	12	11	4
3	1	11	12	6	4	5	7	2	8	10	9
6	5	2	10	11	7	4	1	8	3	9	12
11	3	1	8	12	6	2	9	7	4	5	10
4	7	12	9	3	8	10	5	1	11	2	6
12	4	5	1	7	11	6	2	9	10	3	8
9	6	3	11	5	12	8	10	4	2	7	1
2	8	10	7	1	9	3	4	6	5	12	11
1	12	8	3	2	10	7	6	11	9	4	5
7	11	9	5	4	1	12	3	10	6	8	2
10	2	6	4	8	5	9	11	12	7	1	3

476

10	1	3	11	6	8	9	5	12	2	7	4
5	8	12	4	11	2	10	7	9	1	6	3
6	7	9	2	4	12	1	3	5	8	11	10
1	3	2	5	12	4	7	9	10	11	8	6
12	11	10	9	3	6	2	8	4	5	1	7
8	6	4	7	10	5	11	1	3	12	9	2
11	4	7	1	2	10	8	12	6	3	5	9
2	9	8	6	5	7	3	4	1	10	12	11
3	10	5	12	9	1	6	11	7	4	2	8
4	12	11	8	7	3	5	6	2	9	10	1
7	2	1	3	8	9	12	10	11	6	4	5
9	5	6	10	1	11	4	2	8	7	3	12

477

11	12	6	2	7	3	8	9	5	10	1	4
8	4	9	1	10	12	5	6	3	2	7	11
10	5	7	3	2	11	1	4	8	6	12	9
4	1	2	6	3	5	11	8	12	9	10	7
5	9	11	10	12	6	7	1	2	4	8	3
3	7	12	8	9	4	2	10	1	5	11	6
2	8	5	9	11	7	10	3	4	12	6	1
6	3	10	7	5	1	4	12	11	8	9	2
1	11	4	12	8	9	6	2	7	3	5	10
12	6	1	5	4	10	3	11	9	7	2	8
9	2	3	11	6	8	12	7	10	1	4	5
7	10	8	4	1	2	9	5	6	11	3	12

478

6	8	2	7	9	11	1	10	5	3	4	12
9	4	1	10	12	5	8	3	2	7	11	6
5	3	12	11	2	6	4	7	8	10	9	1
1	10	9	2	8	12	7	11	3	4	6	5
4	12	5	8	3	2	10	6	11	9	1	7
11	7	3	6	1	4	9	5	12	8	2	10
10	11	7	4	5	9	6	8	1	2	12	3
2	9	6	1	11	7	3	12	4	5	10	8
12	5	8	3	4	10	2	1	6	11	7	9
8	2	10	9	6	1	5	4	7	12	3	11
3	1	4	12	7	8	11	9	10	6	5	2
7	6	11	5	10	3	12	2	9	1	8	4

479

8	12	6	10	2	9	11	7	1	3	5	4
4	7	3	2	5	8	12	1	9	11	10	6
11	5	1	9	10	3	6	4	2	8	12	7
5	4	10	7	1	11	2	9	8	6	3	12
3	6	9	1	7	5	8	12	11	10	4	2
2	11	8	12	6	4	3	10	7	5	9	1
12	9	11	3	8	1	4	2	10	7	6	5
10	1	4	6	11	12	7	5	3	9	2	8
7	8	2	5	3	10	9	6	4	12	1	11
9	10	7	4	12	6	1	11	5	2	8	3
1	3	12	11	9	2	5	8	6	4	7	10
6	2	5	8	4	7	10	3	12	1	11	9

480

7	6	1	11	3	9	5	2	10	12	4	8
3	12	2	4	10	6	7	8	1	11	9	5
9	10	8	5	11	1	4	12	3	2	7	6
8	1	9	3	12	7	10	11	5	6	2	4
12	5	4	7	8	2	3	6	11	9	1	10
6	2	11	10	5	4	9	1	8	7	3	12
2	7	3	8	9	12	1	5	6	4	10	11
5	9	10	1	6	11	2	4	7	8	12	3
11	4	12	6	7	3	8	10	2	1	5	9
4	8	7	12	1	5	6	3	9	10	11	2
1	3	6	2	4	10	11	9	12	5	8	7
10	11	5	9	2	8	12	7	4	3	6	1

481

11	2	10	3	8	7	9	1	4	5	12	6
5	9	8	6	2	12	4	11	10	7	1	3
1	12	7	4	3	6	5	10	8	11	9	2
12	8	11	7	9	5	2	6	3	10	4	1
4	6	5	2	11	1	10	3	12	8	7	9
9	1	3	10	7	8	12	4	5	2	6	11
2	11	6	8	1	10	3	9	7	4	5	12
10	5	1	9	4	2	7	12	11	6	3	8
3	7	4	12	5	11	6	8	1	9	2	10
6	10	2	1	12	4	8	5	9	3	11	7
7	3	12	5	10	9	11	2	6	1	8	4
8	4	9	11	6	3	1	7	2	12	10	5

482

5	9	1	2	11	8	4	3	10	12	7	6
4	12	7	11	1	6	5	10	2	3	9	8
6	3	10	8	2	12	7	9	4	1	11	5
11	5	3	10	4	1	8	7	12	6	2	9
1	8	2	9	3	11	12	6	5	10	4	7
7	6	4	12	10	2	9	5	1	8	3	11
3	2	5	7	9	4	1	8	6	11	10	12
8	10	11	6	7	5	2	12	3	9	1	4
9	1	12	4	6	10	3	11	7	5	8	2
12	4	6	1	8	9	10	2	11	7	5	3
10	11	8	3	5	7	6	4	9	2	12	1
2	7	9	5	12	3	11	1	8	4	6	10

483

2	8	11	5	7	6	9	3	1	12	10	4
9	12	7	6	1	10	4	5	3	2	8	11
3	10	1	4	8	12	11	2	7	9	6	5
10	7	9	12	5	3	2	8	11	1	4	6
8	4	5	2	6	9	1	11	10	3	12	7
6	11	3	1	12	4	10	7	2	5	9	8
12	2	10	9	11	8	6	4	5	7	1	3
11	1	6	7	9	5	3	10	8	4	2	12
4	5	8	3	2	7	12	1	6	10	11	9
5	6	12	8	10	2	7	9	4	11	3	1
7	3	2	11	4	1	8	12	9	6	5	10
1	9	4	10	3	11	5	6	12	8	7	2

484

2	12	5	1	8	10	9	4	3	11	7	6
4	3	10	7	12	11	6	2	5	8	1	9
8	6	11	9	1	3	7	5	2	12	10	4
12	7	1	5	2	6	10	3	11	4	9	8
3	8	9	10	4	7	12	11	1	2	6	5
11	4	2	6	9	1	5	8	12	7	3	10
7	10	8	3	11	5	1	9	4	6	12	2
5	9	6	4	7	8	2	12	10	3	11	1
1	2	12	11	6	4	3	10	8	9	5	7
6	11	3	2	10	9	8	1	7	5	4	12
9	1	4	8	5	12	11	7	6	10	2	3
10	5	7	12	3	2	4	6	9	1	8	11

485

6	2	12	9	1	4	8	7	10	3	5	11
1	5	10	8	9	11	3	12	4	2	6	7
11	7	3	4	10	6	2	5	1	9	12	8
12	11	6	3	5	2	10	9	7	8	4	1
4	8	7	2	11	3	1	6	12	10	9	5
10	1	9	5	4	7	12	8	3	11	2	6
3	9	4	11	7	1	5	10	6	12	8	2
5	12	8	6	3	9	4	2	11	1	7	10
7	10	2	1	8	12	6	11	5	4	3	9
2	4	1	10	6	5	9	3	8	7	11	12
9	3	5	7	12	8	11	1	2	6	10	4
8	6	11	12	2	10	7	4	9	5	1	3

486

4	8	2	10	6	3	9	12	11	5	7	1
7	5	9	6	11	8	1	4	3	12	2	10
12	1	3	11	7	2	10	5	4	9	8	6
11	10	1	5	12	7	3	2	6	8	4	9
6	7	4	8	10	9	11	1	5	3	12	2
3	2	12	9	8	4	5	6	10	1	11	7
1	12	10	4	2	11	7	8	9	6	3	5
5	3	6	2	1	12	4	9	8	7	10	11
9	11	8	7	5	10	6	3	2	4	1	12
8	4	11	1	9	5	2	7	12	10	6	3
2	9	7	12	3	6	8	10	1	11	5	4
10	6	5	3	4	1	12	11	7	2	9	8

487

7	1	8	3	5	2	11	6	10	4	12	9
11	12	9	2	1	3	4	10	5	6	8	7
5	10	6	4	12	9	8	7	11	2	3	1
1	4	3	11	10	5	12	8	7	9	6	2
9	7	10	6	11	1	2	3	12	8	5	4
8	5	2	12	4	6	7	9	3	11	1	10
6	3	7	1	2	10	9	4	8	5	11	12
10	9	4	5	8	11	6	12	1	7	2	3
12	2	11	8	3	7	5	1	9	10	4	6
4	11	1	7	6	12	10	5	2	3	9	8
3	8	5	9	7	4	1	2	6	12	10	11
2	6	12	10	9	8	3	11	4	1	7	5

488

1	7	4	6	9	11	12	2	10	5	8	3
11	10	5	9	8	7	3	4	12	2	6	1
2	3	8	12	1	5	10	6	7	4	9	11
4	12	7	3	2	10	8	5	11	9	1	6
8	6	11	1	3	9	4	12	2	7	5	10
10	9	2	5	7	1	6	11	3	8	4	12
3	5	1	2	11	6	7	8	9	10	12	4
12	11	10	7	5	4	9	1	6	3	2	8
6	8	9	4	12	3	2	10	5	1	11	7
9	4	3	11	6	8	5	7	1	12	10	2
5	2	6	8	10	12	1	3	4	11	7	9
7	1	12	10	4	2	11	9	8	6	3	5

489

11	2	10	4	12	9	1	7	8	6	3	5
6	9	3	12	8	5	2	10	4	11	1	7
7	5	1	8	4	3	6	11	12	9	10	2
4	1	11	9	7	2	5	12	6	10	8	3
12	7	5	6	3	10	4	8	9	1	2	11
3	10	8	2	11	1	9	6	7	5	4	12
10	8	12	5	1	7	11	2	3	4	9	6
1	4	7	11	9	6	8	3	5	2	12	10
9	6	2	3	5	12	10	4	11	8	7	1
5	3	4	1	10	11	7	9	2	12	6	8
8	11	6	7	2	4	12	1	10	3	5	9
2	12	9	10	6	8	3	5	1	7	11	4

490

8	5	2	4	1	9	10	11	6	7	12	3
7	12	9	11	6	3	2	4	8	10	1	5
10	1	3	6	12	8	5	7	2	11	9	4
5	4	11	10	3	12	7	2	9	1	8	6
1	6	12	9	5	11	4	8	7	3	2	10
3	7	8	2	10	1	9	6	4	12	5	11
6	10	4	3	8	7	1	5	12	9	11	2
11	9	7	1	2	6	12	10	3	5	4	8
2	8	5	12	9	4	11	3	1	6	10	7
4	3	1	8	11	5	6	9	10	2	7	12
12	2	6	5	7	10	8	1	11	4	3	9
9	11	10	7	4	2	3	12	5	8	6	1

491

10	6	2	8	1	4	11	9	3	7	12	5
12	1	3	11	7	8	5	2	6	4	10	9
7	5	9	4	10	3	6	12	8	11	2	1
1	2	11	9	4	10	8	7	12	5	3	6
8	4	12	6	5	1	9	3	2	10	11	7
3	10	5	7	11	2	12	6	4	9	1	8
5	8	4	3	12	7	1	10	11	6	9	2
6	11	7	1	9	5	2	4	10	12	8	3
9	12	10	2	6	11	3	8	5	1	7	4
4	9	8	10	2	12	7	5	1	3	6	11
11	3	6	5	8	9	10	1	7	2	4	12
2	7	1	12	3	6	4	11	9	8	5	10

492

10	12	1	2	8	6	4	9	11	3	7	5
5	7	6	11	3	1	12	2	10	4	9	8
8	3	9	4	11	5	7	10	12	1	2	6
3	4	8	10	6	7	1	12	5	2	11	9
2	1	11	6	5	8	9	3	7	12	4	10
7	9	5	12	4	2	10	11	8	6	1	3
4	5	12	9	10	3	6	7	1	11	8	2
11	2	7	8	12	9	5	1	3	10	6	4
1	6	10	3	2	4	11	8	9	5	12	7
12	11	4	5	9	10	8	6	2	7	3	1
9	10	3	7	1	12	2	4	6	8	5	11
6	8	2	1	7	11	3	5	4	9	10	12

493

4	10	1	9	5	8	11	6	12	3	7	2
12	7	6	11	9	1	2	3	8	10	4	5
5	8	2	3	12	4	7	10	11	6	9	1
3	2	5	10	6	12	4	7	9	1	11	8
9	12	8	6	1	10	5	11	7	2	3	4
11	1	4	7	8	9	3	2	6	5	12	10
1	4	11	12	3	5	6	8	10	7	2	9
6	5	7	2	4	11	10	9	1	12	8	3
10	9	3	8	2	7	12	1	4	11	5	6
8	3	10	5	7	6	9	12	2	4	1	11
2	11	12	1	10	3	8	4	5	9	6	7
7	6	9	4	11	2	1	5	3	8	10	12

494

9	2	5	7	11	12	10	4	3	8	1	6
6	3	11	4	8	2	5	1	12	9	10	7
1	12	10	8	9	6	7	3	4	11	2	5
11	6	1	3	7	5	9	8	2	10	12	4
8	4	7	2	10	11	6	12	5	1	3	9
5	9	12	10	4	3	1	2	7	6	8	11
12	11	3	6	2	8	4	10	9	7	5	1
4	7	2	9	5	1	12	11	10	3	6	8
10	5	8	1	6	7	3	9	11	2	4	12
7	1	4	5	3	9	2	6	8	12	11	10
3	10	6	11	12	4	8	7	1	5	9	2
2	8	9	12	1	10	11	5	6	4	7	3

495

6	12	9	3	7	10	2	11	8	1	4	5
8	11	2	7	5	4	1	9	6	12	3	10
5	4	10	1	12	8	6	3	11	7	9	2
3	10	11	8	6	9	4	7	12	5	2	1
12	1	6	2	8	5	3	10	4	9	7	11
4	7	5	9	2	12	11	1	3	6	10	8
10	9	4	5	11	1	12	8	2	3	6	7
7	2	3	11	10	6	5	4	9	8	1	12
1	8	12	6	9	3	7	2	10	11	5	4
9	3	7	12	4	11	10	5	1	2	8	6
11	5	8	10	1	2	9	6	7	4	12	3
2	6	1	4	3	7	8	12	5	10	11	9

496

4	2	6	9	11	1	3	5	10	8	12	7
12	3	7	11	8	4	10	2	1	5	9	6
8	1	5	10	7	9	12	6	3	2	11	4
2	12	9	4	6	3	11	1	5	10	7	8
6	5	3	8	10	12	4	7	2	9	1	11
11	10	1	7	5	2	8	9	12	6	4	3
3	7	10	12	9	8	5	4	11	1	6	2
9	8	2	6	12	7	1	11	4	3	5	10
1	4	11	5	2	10	6	3	9	7	8	12
5	11	8	1	3	6	2	12	7	4	10	9
10	9	12	3	4	5	7	8	6	11	2	1
7	6	4	2	1	11	9	10	8	12	3	5

497

5	11	3	10	1	9	7	2	8	4	12	6
1	7	8	9	4	6	12	11	10	2	3	5
6	4	2	12	3	5	8	10	11	7	9	1
3	5	9	11	8	2	10	7	4	6	1	12
12	6	7	4	5	11	1	9	2	3	8	10
8	10	1	2	6	3	4	12	9	11	5	7
4	3	6	1	2	12	9	5	7	8	10	11
11	12	5	8	7	10	3	4	6	1	2	9
9	2	10	7	11	8	6	1	12	5	4	3
10	1	11	6	12	4	5	8	3	9	7	2
7	9	4	3	10	1	2	6	5	12	11	8
2	8	12	5	9	7	11	3	1	10	6	4

498

10	4	9	11	7	6	5	3	8	1	12	2
2	8	5	6	4	12	1	9	10	11	7	3
3	1	12	7	8	10	11	2	4	6	9	5
1	12	4	5	6	2	3	11	7	8	10	9
6	9	2	3	10	7	8	12	11	4	5	1
8	11	7	10	1	9	4	5	2	12	3	6
9	7	3	8	5	11	2	6	12	10	1	4
4	6	10	2	3	8	12	1	5	9	11	7
12	5	11	1	9	4	7	10	3	2	6	8
7	3	8	9	12	1	10	4	6	5	2	11
5	2	1	12	11	3	6	8	9	7	4	10
11	10	6	4	2	5	9	7	1	3	8	12

499

8	6	12	2	11	1	10	9	4	7	3	5
9	3	11	1	2	4	5	7	10	6	12	8
5	7	4	10	3	12	6	8	1	11	2	9
2	1	10	11	5	7	12	4	8	9	6	3
7	5	6	12	9	3	8	11	2	10	4	1
3	8	9	4	10	6	1	2	7	12	5	11
1	10	7	5	12	9	4	6	3	8	11	2
4	11	3	9	8	10	2	5	12	1	7	6
12	2	8	6	1	11	7	3	9	5	10	4
10	4	5	3	6	8	9	12	11	2	1	7
6	9	1	7	4	2	11	10	5	3	8	12
11	12	2	8	7	5	3	1	6	4	9	10

500

8	1	12	9	3	10	4	7	11	5	2	6
2	4	7	5	12	8	6	11	10	3	1	9
10	3	6	11	1	5	2	9	12	8	7	4
12	5	4	1	10	3	9	8	6	2	11	7
7	6	10	8	4	1	11	2	5	9	3	12
3	9	11	2	6	12	7	5	8	1	4	10
1	11	3	7	2	6	5	12	9	4	10	8
5	10	8	12	11	9	3	4	2	7	6	1
6	2	9	4	8	7	10	1	3	12	5	11
9	7	1	6	5	11	8	3	4	10	12	2
11	8	2	3	7	4	12	10	1	6	9	5
4	12	5	10	9	2	1	6	7	11	8	3

501

1	7	3	9	2	8	11	4	12	5	10	6
4	8	10	11	6	3	12	5	1	9	7	2
5	2	12	6	1	7	10	9	4	8	11	3
8	9	4	1	5	11	7	2	6	10	3	12
11	3	2	12	4	10	6	1	9	7	8	5
6	10	7	5	12	9	3	8	2	1	4	11
12	4	5	10	7	1	8	6	3	11	2	9
2	1	11	7	9	5	4	3	8	12	6	10
9	6	8	3	10	12	2	11	5	4	1	7
3	12	1	8	11	6	9	10	7	2	5	4
7	11	6	4	8	2	5	12	10	3	9	1
10	5	9	2	3	4	1	7	11	6	12	8

502

2	5	9	12	3	8	6	1	4	7	11	10
8	4	7	3	12	9	11	10	5	1	6	2
6	11	1	10	2	4	5	7	12	8	9	3
11	10	3	7	4	6	8	2	9	5	1	12
1	9	4	2	11	5	12	3	10	6	8	7
5	8	12	6	10	7	1	9	3	11	2	4
3	12	11	4	8	10	2	6	7	9	5	1
7	6	5	1	9	12	3	11	2	4	10	8
10	2	8	9	7	1	4	5	6	12	3	11
4	7	10	11	5	3	9	8	1	2	12	6
9	3	6	8	1	2	7	12	11	10	4	5
12	1	2	5	6	11	10	4	8	3	7	9

503

11	8	10	3	2	6	12	7	4	5	1	9
6	7	1	5	4	8	9	11	2	3	12	10
2	4	12	9	3	10	1	5	11	6	7	8
12	3	5	7	6	9	11	4	1	10	8	2
8	6	11	1	10	7	3	2	9	12	4	5
9	10	2	4	12	5	8	1	3	7	11	6
5	2	8	11	9	12	6	3	7	1	10	4
4	12	3	6	1	2	7	10	8	9	5	11
1	9	7	10	11	4	5	8	6	2	3	12
3	1	6	2	8	11	10	12	5	4	9	7
10	5	4	8	7	1	2	9	12	11	6	3
7	11	9	12	5	3	4	6	10	8	2	1

504

4	10	5	3	1	8	11	6	2	12	9	7
6	8	12	11	5	9	2	7	1	3	4	10
7	2	9	1	4	3	10	12	6	8	5	11
8	11	10	12	9	7	3	2	4	5	1	6
9	7	3	5	6	11	4	1	8	10	2	12
2	4	1	6	12	10	5	8	7	9	11	3
11	6	2	8	3	1	12	9	10	4	7	5
1	12	4	10	7	5	8	11	9	6	3	2
5	3	7	9	10	2	6	4	11	1	12	8
3	1	11	7	8	12	9	10	5	2	6	4
12	9	8	4	2	6	7	5	3	11	10	1
10	5	6	2	11	4	1	3	12	7	8	9

505

12	3	1	11	6	4	2	5	10	7	9	8
6	2	10	5	11	9	7	8	1	4	12	3
7	8	9	4	10	1	12	3	11	5	6	2
10	9	7	12	2	3	6	1	8	11	5	4
1	5	4	6	8	11	10	9	2	3	7	12
3	11	2	8	12	5	4	7	6	10	1	9
5	7	11	9	4	6	8	12	3	2	10	1
8	12	6	1	3	2	5	10	4	9	11	7
2	4	3	10	9	7	1	11	12	6	8	5
9	1	12	2	7	10	3	6	5	8	4	11
4	6	5	7	1	8	11	2	9	12	3	10
11	10	8	3	5	12	9	4	7	1	2	6

506

3	5	4	11	1	9	12	6	2	7	8	10
1	6	7	12	4	2	10	8	5	11	3	9
9	10	8	2	7	3	5	11	4	6	12	1
2	7	3	6	5	1	8	10	11	4	9	12
12	1	10	4	6	11	2	9	8	3	7	5
11	8	5	9	12	7	3	4	10	2	1	6
7	12	2	8	10	6	11	1	3	9	5	4
6	9	11	3	2	5	4	12	7	1	10	8
10	4	1	5	3	8	9	7	6	12	2	11
5	11	6	1	8	12	7	2	9	10	4	3
4	3	9	7	11	10	1	5	12	8	6	2
8	2	12	10	9	4	6	3	1	5	11	7

507

1	6	2	4	10	7	5	9	3	12	8	11
8	10	11	3	1	4	12	6	2	7	9	5
7	5	9	12	2	3	8	11	6	1	10	4
4	2	6	7	5	8	9	3	1	11	12	10
10	8	3	11	12	1	2	7	5	9	4	6
12	1	5	9	6	11	10	4	7	8	2	3
5	4	10	6	9	2	1	8	12	3	11	7
9	3	7	2	11	6	4	12	8	10	5	1
11	12	1	8	7	10	3	5	9	4	6	2
6	9	8	1	3	5	11	10	4	2	7	12
3	7	12	10	4	9	6	2	11	5	1	8
2	11	4	5	8	12	7	1	10	6	3	9

508

5	4	8	12	3	7	9	2	10	11	1	6
9	2	3	6	11	12	1	10	5	7	8	4
7	1	10	11	5	8	4	6	9	3	12	2
11	8	9	4	2	5	12	1	3	10	6	7
10	3	1	2	7	6	11	4	8	12	9	5
12	6	5	7	10	3	8	9	11	4	2	1
2	9	7	5	6	10	3	12	4	1	11	8
1	10	6	8	9	4	7	11	2	5	3	12
4	12	11	3	1	2	5	8	7	6	10	9
3	5	2	9	12	11	6	7	1	8	4	10
8	7	12	1	4	9	10	3	6	2	5	11
6	11	4	10	8	1	2	5	12	9	7	3

509

10	5	8	7	6	4	3	11	9	2	12	1
9	6	2	11	7	5	1	12	8	4	10	3
12	3	1	4	9	8	10	2	7	11	5	6
8	2	4	10	12	1	7	3	11	9	6	5
11	7	3	6	8	2	9	5	10	1	4	12
1	12	5	9	4	10	11	6	2	7	3	8
4	1	11	3	10	7	5	9	6	12	8	2
2	9	6	5	3	12	8	1	4	10	7	11
7	10	12	8	11	6	2	4	3	5	1	9
6	4	9	2	5	3	12	10	1	8	11	7
5	8	10	1	2	11	6	7	12	3	9	4
3	11	7	12	1	9	4	8	5	6	2	10

510

10	12	11	9	7	8	6	3	4	1	5	2
7	4	6	1	10	12	5	2	11	8	9	3
8	5	3	2	4	11	1	9	10	12	6	7
2	3	4	11	5	7	9	8	12	10	1	6
5	1	10	8	6	4	2	12	7	3	11	9
12	6	9	7	1	10	3	11	5	4	2	8
9	8	12	10	2	1	4	7	6	11	3	5
11	7	1	3	12	5	8	6	2	9	10	4
6	2	5	4	9	3	11	10	8	7	12	1
1	10	8	12	3	6	7	5	9	2	4	11
4	9	7	6	11	2	10	1	3	5	8	12
3	11	2	5	8	9	12	4	1	6	7	10

511

8	6	3	5	11	1	4	2	12	7	10	9
4	9	10	11	12	5	3	7	2	6	8	1
1	7	12	2	9	10	6	8	11	3	5	4
9	3	7	8	4	12	11	1	5	2	6	10
12	4	1	10	6	2	8	5	9	11	3	7
5	11	2	6	3	7	10	9	8	1	4	12
7	1	11	12	2	8	5	3	10	4	9	6
3	2	5	9	10	6	1	4	7	8	12	11
10	8	6	4	7	9	12	11	3	5	1	2
2	5	9	1	8	4	7	10	6	12	11	3
11	12	4	7	5	3	9	6	1	10	2	8
6	10	8	3	1	11	2	12	4	9	7	5

512

12	4	8	9	11	2	6	5	10	3	7	1
1	7	5	6	12	8	3	10	4	11	2	9
3	2	11	10	4	7	9	1	6	12	8	5
7	5	3	1	9	12	2	6	8	4	10	11
9	8	2	11	7	10	1	4	12	6	5	3
10	6	4	12	3	11	5	8	2	9	1	7
8	12	1	5	2	9	10	11	3	7	4	6
4	10	9	3	6	5	8	7	1	2	11	12
6	11	7	2	1	3	4	12	5	10	9	8
11	1	10	4	8	6	12	9	7	5	3	2
2	9	12	8	5	4	7	3	11	1	6	10
5	3	6	7	10	1	11	2	9	8	12	4

513

2	9	4	8	6	1	10	7	11	5	3	12
12	5	7	10	9	2	11	3	1	8	6	4
1	11	3	6	8	5	12	4	10	2	7	9
8	7	2	3	5	12	1	6	4	9	11	10
6	1	5	4	11	10	7	9	8	12	2	3
9	10	11	12	4	3	8	2	5	7	1	6
7	8	10	11	3	4	9	5	2	6	12	1
5	6	9	1	7	11	2	12	3	10	4	8
4	3	12	2	10	8	6	1	9	11	5	7
10	2	6	5	1	7	4	8	12	3	9	11
11	12	1	7	2	9	3	10	6	4	8	5
3	4	8	9	12	6	5	11	7	1	10	2

514

8	9	2	10	4	5	7	3	1	11	12	6
12	6	5	11	9	8	1	10	7	3	4	2
4	1	3	7	2	11	6	12	5	9	10	8
9	2	7	3	10	12	5	6	11	4	8	1
6	12	10	1	3	4	8	11	9	5	2	7
11	5	8	4	7	9	2	1	10	12	6	3
3	7	11	5	6	2	9	8	12	10	1	4
2	8	1	12	11	7	10	4	3	6	5	9
10	4	9	6	12	1	3	5	2	8	7	11
7	3	4	8	5	10	11	2	6	1	9	12
1	10	6	2	8	3	12	9	4	7	11	5
5	11	12	9	1	6	4	7	8	2	3	10

515

10	6	8	5	3	12	2	11	4	9	7	1
9	4	2	11	6	1	7	10	8	12	3	5
3	1	12	7	5	9	4	8	10	2	6	11
12	7	6	8	10	3	1	9	5	11	4	2
5	3	11	2	7	8	12	4	1	6	10	9
1	9	10	4	2	11	5	6	7	3	12	8
2	10	7	1	8	6	11	3	12	5	9	4
6	8	3	9	4	5	10	12	11	1	2	7
4	11	5	12	1	2	9	7	6	10	8	3
7	12	1	6	11	4	3	2	9	8	5	10
11	2	9	10	12	7	8	5	3	4	1	6
8	5	4	3	9	10	6	1	2	7	11	12

516

5	11	2	7	8	4	9	3	10	6	12	1
1	8	6	3	10	12	5	7	11	4	2	9
12	4	9	10	11	1	2	6	8	7	5	3
4	5	11	9	3	2	8	12	1	10	7	6
7	2	10	12	6	5	1	4	3	9	8	11
3	6	1	8	9	10	7	11	2	12	4	5
10	1	8	6	2	7	12	9	5	3	11	4
11	7	12	5	4	8	3	10	6	1	9	2
9	3	4	2	1	11	6	5	7	8	10	12
6	10	3	4	5	9	11	8	12	2	1	7
2	9	7	11	12	3	10	1	4	5	6	8
8	12	5	1	7	6	4	2	9	11	3	10

517

6	12	1	11	5	7	2	8	9	4	10	3
2	5	9	10	3	6	1	4	8	12	11	7
8	4	3	7	9	12	11	10	6	2	1	5
3	2	10	1	6	8	9	7	5	11	4	12
5	9	12	4	11	3	10	1	7	8	6	2
7	6	11	8	12	5	4	2	3	1	9	10
9	11	4	3	8	10	5	12	1	7	2	6
1	10	8	6	4	2	7	11	12	5	3	9
12	7	5	2	1	9	6	3	4	10	8	11
4	8	7	5	2	11	3	9	10	6	12	1
11	3	6	12	10	1	8	5	2	9	7	4
10	1	2	9	7	4	12	6	11	3	5	8

518

3	9	5	4	8	10	6	7	11	12	1	2
12	2	6	10	11	4	1	5	9	7	8	3
1	8	7	11	3	12	9	2	4	5	6	10
10	12	9	3	2	5	4	8	1	6	11	7
4	6	11	2	12	1	7	3	8	9	10	5
7	5	1	8	9	6	11	10	3	4	2	12
11	4	8	7	1	3	5	9	10	2	12	6
2	3	10	6	4	7	8	12	5	11	9	1
5	1	12	9	10	11	2	6	7	8	3	4
6	11	3	1	5	8	12	4	2	10	7	9
9	10	4	12	7	2	3	11	6	1	5	8
8	7	2	5	6	9	10	1	12	3	4	11

519

4	5	11	10	8	1	7	3	2	6	12	9
9	1	12	6	10	5	11	2	3	8	4	7
7	3	8	2	4	12	6	9	1	5	10	11
1	8	10	5	11	2	3	12	6	7	9	4
6	2	7	3	9	4	1	5	8	10	11	12
11	12	4	9	6	7	8	10	5	1	2	3
3	10	9	7	5	11	2	8	4	12	1	6
2	11	1	8	12	6	9	4	10	3	7	5
5	4	6	12	1	3	10	7	9	11	8	2
12	9	5	11	3	8	4	1	7	2	6	10
10	7	3	1	2	9	12	6	11	4	5	8
8	6	2	4	7	10	5	11	12	9	3	1

520

4	12	8	7	1	5	11	6	9	10	3	2
10	9	1	5	3	8	7	2	6	11	12	4
11	2	3	6	10	12	9	4	8	5	1	7
8	5	11	4	2	3	10	7	12	9	6	1
7	1	6	3	4	11	12	9	5	2	10	8
2	10	12	9	8	6	1	5	11	7	4	3
6	7	2	11	9	10	3	1	4	8	5	12
12	4	10	8	6	7	5	11	1	3	2	9
5	3	9	1	12	2	4	8	7	6	11	10
3	6	7	2	5	4	8	12	10	1	9	11
9	8	4	10	11	1	6	3	2	12	7	5
1	11	5	12	7	9	2	10	3	4	8	6

521

16	2	9	3	5	6	1	10	13	7	14	4	12	8	15	11
1	6	13	10	16	2	12	7	11	8	15	3	4	5	14	9
5	15	12	14	13	4	8	11	1	6	16	9	3	7	10	2
8	7	4	11	14	9	3	15	5	2	12	10	1	13	6	16
6	14	8	16	10	7	4	9	12	15	13	11	5	2	3	1
7	11	5	4	3	15	16	13	9	10	2	1	6	14	8	12
15	13	3	2	12	11	6	1	16	14	5	8	10	9	7	4
10	12	1	9	8	5	14	2	7	3	4	6	16	15	11	13
4	5	7	6	2	10	11	3	14	13	8	12	9	16	1	15
2	1	11	13	6	14	9	16	3	4	7	15	8	12	5	10
9	16	14	12	4	8	15	5	10	1	11	2	7	6	13	3
3	10	15	8	1	13	7	12	6	16	9	5	2	11	4	14
14	3	6	15	9	12	5	8	4	11	1	16	13	10	2	7
13	8	16	5	7	1	2	4	15	9	10	14	11	3	12	6
12	9	10	1	11	3	13	14	2	5	6	7	15	4	16	8
11	4	2	7	15	16	10	6	8	12	3	13	14	1	9	5

522

9	7	5	16	4	11	3	8	2	10	12	13	1	14	15	6
2	14	3	10	7	13	6	5	15	9	1	11	16	8	12	4
1	4	13	12	2	15	16	10	14	6	7	8	9	3	11	5
11	8	6	15	14	12	9	1	16	4	3	5	2	7	10	13
7	3	8	9	16	5	2	12	1	15	10	14	13	4	6	11
13	15	2	14	9	8	1	6	11	16	4	3	12	10	5	7
16	5	12	4	11	14	10	13	7	2	6	9	15	1	3	8
6	1	10	11	3	4	15	7	5	8	13	12	14	2	16	9
4	6	14	13	12	10	7	2	8	3	9	16	5	11	1	15
3	16	11	7	5	1	4	15	10	12	2	6	8	9	13	14
8	12	9	5	13	16	14	3	4	11	15	1	10	6	7	2
15	10	1	2	6	9	8	11	13	14	5	7	3	16	4	12
10	13	15	1	8	6	5	4	9	7	16	2	11	12	14	3
12	9	7	6	10	2	11	16	3	13	14	15	4	5	8	1
14	11	4	3	1	7	13	9	12	5	8	10	6	15	2	16
5	2	16	8	15	3	12	14	6	1	11	4	7	13	9	10

523

14	15	4	12	1	11	3	7	8	13	16	5	2	9	6	10
7	8	9	13	4	16	10	5	11	14	6	2	1	15	3	12
1	6	10	16	14	8	2	12	9	4	3	15	13	7	11	5
3	11	5	2	15	9	6	13	10	7	12	1	14	16	8	4
11	7	6	9	12	15	16	14	5	8	2	10	3	4	1	13
10	1	12	14	2	3	11	8	4	16	13	9	6	5	7	15
2	3	8	15	13	5	7	4	1	12	14	6	16	11	10	9
16	4	13	5	10	6	9	1	3	11	15	7	8	12	2	14
13	16	7	1	11	14	4	10	6	15	5	8	12	2	9	3
15	2	11	4	6	12	8	9	16	3	1	13	5	10	14	7
12	5	3	10	7	1	13	15	2	9	4	14	11	6	16	8
6	9	14	8	16	2	5	3	7	10	11	12	4	13	15	1
4	13	1	11	3	7	15	2	14	5	9	16	10	8	12	6
5	12	16	3	9	10	1	11	15	6	8	4	7	14	13	2
9	14	2	7	8	4	12	6	13	1	10	11	15	3	5	16
8	10	15	6	5	13	14	16	12	2	7	3	9	1	4	11

524

7	15	10	1	5	6	3	2	9	14	12	4	16	13	11	8
9	5	12	11	16	15	14	8	13	2	6	3	4	10	7	1
2	4	3	16	10	7	9	13	11	1	5	8	15	14	12	6
13	8	6	14	1	4	11	12	10	16	15	7	9	3	5	2
15	2	4	10	9	11	7	3	12	8	16	5	14	6	1	13
5	11	1	13	12	8	16	14	6	15	7	9	10	2	4	3
8	6	14	7	2	5	10	15	1	4	3	13	11	12	16	9
12	16	9	3	6	13	4	1	2	10	14	11	7	15	8	5
16	14	2	4	13	9	8	6	7	5	10	1	3	11	15	12
11	3	5	9	7	16	1	10	14	12	13	15	2	8	6	4
6	1	15	8	11	14	12	5	4	3	2	16	13	9	10	7
10	13	7	12	15	3	2	4	8	11	9	6	1	5	14	16
4	10	16	2	8	12	6	7	3	9	11	14	5	1	13	15
14	9	8	5	4	2	13	11	15	7	1	12	6	16	3	10
3	7	13	15	14	1	5	9	16	6	8	10	12	4	2	11
1	12	11	6	3	10	15	16	5	13	4	2	8	7	9	14

525

8	6	16	15	12	3	13	5	11	4	9	7	10	2	14	1
14	11	4	10	15	7	1	2	6	8	13	12	5	3	9	16
12	7	9	2	11	14	10	4	1	3	5	16	8	15	6	13
3	1	13	5	9	8	6	16	2	10	14	15	7	12	11	4
2	15	7	4	3	6	16	11	5	1	8	10	9	14	13	12
16	3	12	6	5	1	2	7	14	9	11	13	4	8	15	10
11	10	5	14	13	9	15	8	4	7	12	3	6	16	1	2
1	9	8	13	4	12	14	10	16	15	2	6	3	7	5	11
6	13	2	7	1	5	8	9	12	11	3	4	14	10	16	15
9	14	3	1	16	10	4	12	7	6	15	8	13	11	2	5
10	4	11	12	2	13	3	15	9	14	16	5	1	6	8	7
5	8	15	16	6	11	7	14	10	13	1	2	12	4	3	9
15	16	14	9	7	4	11	6	8	5	10	1	2	13	12	3
13	12	10	8	14	2	9	1	3	16	7	11	15	5	4	6
7	2	6	3	8	16	5	13	15	12	4	9	11	1	10	14
4	5	1	11	10	15	12	3	13	2	6	14	16	9	7	8

526

14	3	15	12	2	6	4	16	9	5	13	10	11	1	8	7
1	10	9	6	11	12	15	13	16	7	3	8	5	4	2	14
5	13	7	11	9	14	8	3	1	2	4	6	16	12	15	10
8	4	16	2	1	5	10	7	15	14	12	11	6	9	13	3
10	1	8	13	16	7	14	5	11	9	15	2	12	6	3	4
3	6	5	15	13	10	11	4	7	12	16	14	2	8	9	1
16	12	4	9	8	2	1	15	3	6	10	13	7	11	14	5
7	2	11	14	6	3	9	12	4	8	1	5	15	13	10	16
2	9	13	4	14	16	7	11	6	10	8	3	1	15	5	12
12	8	1	3	15	13	2	6	5	16	14	7	9	10	4	11
6	5	10	16	3	4	12	9	2	15	11	1	8	14	7	13
11	15	14	7	10	1	5	8	12	13	9	4	3	16	6	2
9	14	6	1	7	11	3	10	8	4	5	16	13	2	12	15
13	7	12	8	5	15	16	14	10	11	2	9	4	3	1	6
4	16	3	5	12	9	13	2	14	1	6	15	10	7	11	8
15	11	2	10	4	8	6	1	13	3	7	12	14	5	16	9

527

16	1	15	3	8	9	12	7	10	4	6	11	5	2	13	14
14	11	7	4	2	1	10	6	5	8	12	13	9	16	3	15
8	10	6	2	11	13	5	3	16	15	14	9	12	1	7	4
9	13	5	12	16	4	15	14	1	3	7	2	6	11	8	10
13	14	3	8	10	16	1	5	9	11	4	6	15	12	2	7
2	9	12	5	7	6	13	11	15	10	8	3	14	4	1	16
6	7	10	11	4	8	2	15	12	14	16	1	13	3	9	5
15	4	1	16	9	14	3	12	13	2	5	7	10	8	11	6
4	2	16	13	6	3	8	1	7	5	9	14	11	10	15	12
3	5	9	7	15	10	16	4	11	12	1	8	2	14	6	13
1	15	8	10	14	12	11	9	2	6	13	4	16	7	5	3
12	6	11	14	5	2	7	13	3	16	15	10	1	9	4	8
11	16	4	15	1	5	9	8	14	13	3	12	7	6	10	2
10	8	14	9	13	11	6	16	4	7	2	15	3	5	12	1
7	3	2	6	12	15	14	10	8	1	11	5	4	13	16	9
5	12	13	1	3	7	4	2	6	9	10	16	8	15	14	11

528

12	5	10	16	15	11	13	4	14	3	1	8	2	9	6	7
14	8	7	9	5	1	3	2	15	12	10	6	13	16	11	4
4	2	6	3	10	7	12	16	13	11	9	5	14	1	8	15
13	15	1	11	8	14	9	6	16	4	7	2	5	10	3	12
10	7	15	6	13	5	11	14	12	8	2	9	16	3	4	1
8	12	13	1	2	4	7	10	3	5	6	16	11	15	14	9
5	9	2	4	12	8	16	3	11	1	15	14	7	13	10	6
11	16	3	14	9	6	15	1	4	10	13	7	8	12	5	2
6	13	14	2	3	10	4	5	9	7	12	15	1	11	16	8
7	4	11	8	16	15	14	13	1	2	5	10	12	6	9	3
9	10	5	15	6	12	1	11	8	16	14	3	4	7	2	13
1	3	16	12	7	9	2	8	6	13	11	4	10	14	15	5
3	1	8	5	14	13	10	9	7	6	4	11	15	2	12	16
15	6	12	10	11	2	8	7	5	9	16	13	3	4	1	14
2	14	9	13	4	16	5	12	10	15	3	1	6	8	7	11
16	11	4	7	1	3	6	15	2	14	8	12	9	5	13	10

529

10	14	12	15	5	9	11	13	2	16	7	4	8	6	3	1
11	3	7	6	16	15	10	4	1	12	8	13	5	14	9	2
9	2	5	13	1	6	8	3	15	10	14	11	12	16	4	7
16	4	1	8	14	7	12	2	3	9	6	5	15	10	11	13
15	11	6	14	10	4	13	7	16	5	3	9	2	8	1	12
7	1	3	10	15	2	6	16	12	4	11	8	14	9	13	5
8	5	16	4	12	14	1	9	13	7	2	15	10	11	6	3
2	12	13	9	3	8	5	11	10	6	1	14	7	4	16	15
6	10	8	2	13	12	16	1	14	15	4	7	11	3	5	9
1	9	11	5	8	10	7	15	6	3	16	2	13	12	14	4
12	7	15	16	4	3	9	14	11	13	5	10	1	2	8	6
14	13	4	3	6	11	2	5	9	8	12	1	16	15	7	10
4	16	9	12	2	13	14	8	5	1	10	3	6	7	15	11
13	8	14	11	9	5	3	10	7	2	15	6	4	1	12	16
3	6	2	7	11	1	15	12	4	14	13	16	9	5	10	8
5	15	10	1	7	16	4	6	8	11	9	12	3	13	2	14

530

4	6	2	14	16	1	9	10	12	5	15	8	7	13	11	3
15	9	12	10	3	13	2	7	4	11	6	1	5	14	16	8
5	7	1	11	14	8	15	12	9	16	3	13	10	4	2	6
8	16	13	3	6	11	4	5	2	14	7	10	15	12	9	1
16	2	15	8	1	4	6	14	13	12	11	5	9	10	3	7
14	3	6	5	11	10	12	9	7	15	16	4	1	8	13	2
13	1	11	12	2	3	7	8	14	10	9	6	16	15	4	5
7	10	9	4	13	16	5	15	1	3	8	2	14	11	6	12
3	11	14	6	8	12	1	2	10	9	4	7	13	16	5	15
2	15	16	9	5	7	14	11	8	6	13	3	4	1	12	10
1	12	4	13	15	9	10	3	16	2	5	14	8	6	7	11
10	8	5	7	4	6	13	16	15	1	12	11	3	2	14	9
11	14	7	2	12	15	8	13	5	4	10	9	6	3	1	16
6	13	10	16	9	5	3	4	11	8	1	12	2	7	15	14
9	4	3	15	10	2	11	1	6	7	14	16	12	5	8	13
12	5	8	1	7	14	16	6	3	13	2	15	11	9	10	4

531

15	6	3	13	10	4	2	14	7	12	5	16	1	9	11	8
5	4	8	7	11	3	15	13	10	2	1	9	6	12	14	16
16	9	2	14	8	12	1	6	11	3	13	15	5	7	10	4
12	11	10	1	7	9	5	16	4	14	6	8	15	3	2	13
4	12	14	2	5	16	9	11	8	13	15	3	7	10	6	1
8	10	13	15	3	6	12	4	1	16	7	5	11	14	9	2
6	3	7	11	13	1	8	2	9	4	10	14	12	16	15	5
9	1	16	5	15	14	10	7	12	6	2	11	8	4	13	3
11	8	15	3	12	2	4	10	13	7	14	1	9	5	16	6
14	2	6	9	16	5	7	1	3	8	11	10	13	15	4	12
7	5	1	12	6	11	13	15	2	9	16	4	14	8	3	10
10	13	4	16	14	8	3	9	15	5	12	6	2	1	7	11
13	16	5	4	1	10	11	8	6	15	9	7	3	2	12	14
3	15	9	6	4	13	16	12	14	1	8	2	10	11	5	7
2	14	11	8	9	7	6	5	16	10	3	12	4	13	1	15
1	7	12	10	2	15	14	3	5	11	4	13	16	6	8	9

532

15	8	13	7	3	12	14	6	16	9	4	2	11	10	5	1
10	6	14	16	5	4	9	1	11	13	7	15	3	8	2	12
3	5	1	2	11	8	7	13	12	10	14	6	9	15	4	16
4	9	11	12	10	2	16	15	5	8	3	1	14	13	7	6
11	15	10	13	9	7	12	2	3	5	6	4	16	14	1	8
2	14	12	3	16	5	10	8	1	15	11	13	6	4	9	7
16	4	8	1	14	6	13	11	9	12	10	7	2	5	15	3
6	7	5	9	1	15	3	4	14	2	16	8	13	11	12	10
5	13	2	10	12	14	4	9	7	6	15	3	1	16	8	11
9	12	4	6	7	1	11	3	8	16	5	14	10	2	13	15
8	1	16	14	6	13	15	5	10	11	2	9	7	12	3	4
7	3	15	11	2	10	8	16	4	1	13	12	5	9	6	14
14	2	3	4	15	11	5	12	13	7	1	10	8	6	16	9
13	10	6	8	4	3	2	7	15	14	9	16	12	1	11	5
12	11	9	15	13	16	1	10	6	3	8	5	4	7	14	2
1	16	7	5	8	9	6	14	2	4	12	11	15	3	10	13

533

1	2	5	6	8	16	12	3	4	10	11	15	9	13	7	14
3	14	9	16	4	15	1	10	12	7	2	13	8	5	6	11
8	11	12	10	14	7	13	9	16	6	5	1	2	3	15	4
4	7	13	15	5	6	11	2	3	8	14	9	10	16	12	1
12	5	1	4	7	10	8	13	9	15	6	2	16	14	11	3
16	13	2	11	9	1	6	12	14	5	4	3	15	7	10	8
6	10	15	7	2	14	3	16	11	1	13	8	4	12	9	5
14	9	8	3	11	5	4	15	10	12	7	16	1	6	2	13
7	6	16	13	15	12	2	8	5	11	1	4	3	10	14	9
5	15	3	12	1	11	14	4	13	2	9	10	7	8	16	6
10	1	14	9	6	13	16	7	15	3	8	12	5	11	4	2
11	8	4	2	3	9	10	5	7	14	16	6	13	15	1	12
2	16	6	5	10	8	9	11	1	13	15	14	12	4	3	7
9	12	7	8	13	3	15	1	6	4	10	11	14	2	5	16
13	3	10	14	16	4	7	6	2	9	12	5	11	1	8	15
15	4	11	1	12	2	5	14	8	16	3	7	6	9	13	10

534

6	14	2	3	5	4	1	16	10	9	8	12	11	13	7	15
7	4	8	5	9	10	13	15	1	6	11	14	2	12	3	16
15	1	16	12	2	6	11	14	7	4	13	3	5	8	10	9
13	11	9	10	3	8	7	12	15	5	2	16	1	4	6	14
4	16	7	15	13	9	14	1	11	3	6	8	12	5	2	10
10	2	3	11	8	16	5	6	12	15	14	7	13	1	9	4
1	9	12	6	15	3	2	4	16	13	10	5	8	7	14	11
8	13	5	14	7	12	10	11	4	2	1	9	15	3	16	6
16	7	13	2	10	14	9	5	6	1	15	4	3	11	12	8
3	5	1	9	12	11	15	8	14	10	16	13	7	6	4	2
12	6	10	4	16	2	3	13	5	8	7	11	14	9	15	1
11	15	14	8	6	1	4	7	9	12	3	2	16	10	5	13
2	12	6	1	4	13	16	3	8	14	5	10	9	15	11	7
9	3	4	16	11	15	6	2	13	7	12	1	10	14	8	5
5	8	15	13	14	7	12	10	2	11	9	6	4	16	1	3
14	10	11	7	1	5	8	9	3	16	4	15	6	2	13	12

535

14	6	8	10	12	9	13	1	11	15	2	4	3	7	5	16
3	16	15	1	2	7	8	14	13	12	9	5	10	6	11	4
4	9	11	12	5	3	15	10	14	6	7	16	13	8	1	2
13	2	7	5	11	6	4	16	1	3	8	10	12	9	15	14
8	11	1	16	9	2	14	12	6	5	15	3	4	13	10	7
7	12	14	6	13	15	5	3	4	10	11	9	16	2	8	1
5	3	9	2	1	4	10	8	16	7	13	12	15	11	14	6
10	15	13	4	6	11	16	7	2	8	1	14	5	12	9	3
1	10	2	7	15	13	11	5	8	9	16	6	14	3	4	12
11	4	16	3	10	8	9	6	12	13	14	15	2	1	7	5
9	14	5	13	7	1	12	2	10	4	3	11	8	16	6	15
6	8	12	15	16	14	3	4	7	2	5	1	11	10	13	9
15	13	3	14	4	12	2	11	9	1	10	7	6	5	16	8
12	5	4	11	3	10	1	9	15	16	6	8	7	14	2	13
16	1	6	8	14	5	7	13	3	11	4	2	9	15	12	10
2	7	10	9	8	16	6	15	5	14	12	13	1	4	3	11

536

7	15	3	12	6	10	5	16	13	2	8	14	9	4	11	1
9	13	4	5	12	11	8	2	1	16	3	6	10	15	7	14
8	10	16	14	1	9	3	15	5	7	4	11	6	12	13	2
11	1	2	6	14	7	4	13	10	12	9	15	16	3	8	5
5	4	6	16	8	3	9	1	12	11	2	13	7	14	15	10
10	11	7	13	5	14	15	12	4	3	6	8	2	1	16	9
3	2	15	1	4	16	11	10	14	9	7	5	12	13	6	8
12	9	14	8	7	13	2	6	16	10	15	1	11	5	3	4
14	5	1	2	11	4	13	7	6	8	10	9	15	16	12	3
6	3	13	4	15	12	16	9	7	14	5	2	1	8	10	11
16	12	9	11	10	2	14	8	15	1	13	3	4	7	5	6
15	7	8	10	3	6	1	5	11	4	12	16	14	9	2	13
2	6	10	7	9	15	12	3	8	5	14	4	13	11	1	16
4	14	12	3	16	8	7	11	2	13	1	10	5	6	9	15
13	16	5	9	2	1	6	4	3	15	11	12	8	10	14	7
1	8	11	15	13	5	10	14	9	6	16	7	3	2	4	12

537

9	14	7	4	15	1	13	3	12	6	11	8	2	5	16	10
15	3	10	8	11	16	5	6	2	7	13	9	4	14	1	12
2	13	1	16	10	9	12	7	4	5	14	15	6	3	8	11
11	12	6	5	4	2	8	14	3	1	16	10	9	13	7	15
8	7	5	14	1	4	9	2	10	15	6	12	11	16	13	3
12	16	13	6	3	8	7	5	11	14	2	1	10	15	9	4
10	9	3	11	13	15	14	12	7	16	5	4	1	8	6	2
4	15	2	1	16	6	10	11	8	13	9	3	14	7	12	5
7	10	14	9	12	5	6	8	15	11	1	16	3	2	4	13
1	6	15	2	14	10	16	9	5	4	3	13	8	12	11	7
5	8	12	3	2	11	4	13	9	10	7	6	15	1	14	16
16	11	4	13	7	3	15	1	14	8	12	2	5	6	10	9
14	2	11	10	6	12	3	15	16	9	8	7	13	4	5	1
13	5	8	12	9	14	2	16	1	3	4	11	7	10	15	6
3	4	9	7	8	13	1	10	6	12	15	5	16	11	2	14
6	1	16	15	5	7	11	4	13	2	10	14	12	9	3	8

538

6	1	11	9	14	8	2	10	4	16	15	13	5	12	3	7
5	7	13	15	6	3	12	4	8	10	11	9	14	16	2	1
4	10	12	3	9	5	1	16	2	7	14	6	15	8	11	13
14	16	2	8	7	15	13	11	3	5	12	1	6	9	10	4
3	8	15	4	13	10	9	5	1	14	2	16	7	11	6	12
2	13	9	10	11	1	6	7	12	8	5	15	16	14	4	3
16	5	6	7	12	14	8	3	13	4	10	11	2	1	15	9
1	12	14	11	4	16	15	2	7	9	6	3	8	13	5	10
11	14	1	6	5	4	16	8	9	15	13	10	12	3	7	2
10	3	8	12	1	6	7	13	11	2	4	14	9	5	16	15
7	4	5	13	2	9	14	15	16	3	1	12	10	6	8	11
9	15	16	2	3	11	10	12	5	6	7	8	13	4	1	14
8	2	4	1	15	13	11	14	10	12	16	5	3	7	9	6
15	11	7	5	16	12	3	1	6	13	9	2	4	10	14	8
13	9	10	16	8	2	4	6	14	11	3	7	1	15	12	5
12	6	3	14	10	7	5	9	15	1	8	4	11	2	13	16

539

1	4	13	10	3	2	14	7	5	12	6	11	8	16	15	9
6	12	7	5	10	15	16	11	8	14	9	2	13	3	4	1
11	14	3	15	9	8	12	6	13	1	4	16	5	7	10	2
2	8	9	16	1	5	13	4	15	3	10	7	12	14	6	11
13	11	6	7	5	12	8	1	4	9	3	14	16	10	2	15
16	5	1	12	14	7	3	2	6	10	15	13	11	4	9	8
3	2	15	4	6	9	10	13	11	8	16	5	14	12	1	7
9	10	8	14	11	4	15	16	12	2	7	1	3	5	13	6
7	13	12	2	16	3	4	9	10	11	5	6	15	1	8	14
10	1	16	6	15	14	11	8	3	13	2	12	4	9	7	5
14	15	4	9	13	6	2	5	7	16	1	8	10	11	12	3
5	3	11	8	7	10	1	12	9	15	14	4	6	2	16	13
15	7	14	13	4	1	9	3	16	5	8	10	2	6	11	12
8	16	5	11	2	13	7	10	1	6	12	3	9	15	14	4
4	9	10	3	12	11	6	14	2	7	13	15	1	8	5	16
12	6	2	1	8	16	5	15	14	4	11	9	7	13	3	10

540

14	4	7	11	16	3	6	8	2	10	15	1	13	9	5	12
12	6	5	1	4	11	9	10	8	7	16	13	14	2	3	15
2	10	8	13	1	12	14	15	6	3	9	5	7	4	11	16
16	9	3	15	7	2	13	5	12	14	4	11	1	8	6	10
10	12	4	5	9	16	7	2	15	13	8	3	6	11	14	1
15	3	1	2	8	10	11	4	14	6	12	16	9	5	13	7
11	14	6	8	12	5	15	13	4	1	7	9	3	16	10	2
13	16	9	7	14	6	3	1	5	11	10	2	15	12	8	4
9	1	14	6	2	13	5	12	16	4	11	15	8	10	7	3
5	2	12	10	3	14	8	7	13	9	1	6	4	15	16	11
8	13	15	3	11	4	16	6	10	2	5	7	12	14	1	9
4	7	11	16	10	15	1	9	3	8	14	12	5	6	2	13
1	15	2	14	13	9	10	16	7	5	6	4	11	3	12	8
3	8	10	4	6	1	2	11	9	12	13	14	16	7	15	5
6	5	13	12	15	7	4	3	11	16	2	8	10	1	9	14
7	11	16	9	5	8	12	14	1	15	3	10	2	13	4	6

541

5	9	10	3	7	8	16	13	12	2	14	1	6	11	4	15
15	8	1	7	4	2	3	6	5	9	11	10	13	12	14	16
11	16	12	6	9	1	14	10	4	15	13	8	7	5	2	3
14	13	4	2	15	5	12	11	7	6	16	3	8	1	9	10
8	10	14	13	16	3	6	1	15	11	4	7	5	9	12	2
4	3	11	1	5	15	7	2	14	10	9	12	16	8	6	13
9	5	7	15	13	10	4	12	16	8	2	6	1	14	3	11
16	6	2	12	8	11	9	14	1	3	5	13	15	10	7	4
12	1	13	9	11	14	15	3	2	5	10	16	4	7	8	6
3	14	16	8	2	6	13	4	11	7	1	9	12	15	10	5
7	4	15	5	1	16	10	8	6	12	3	14	2	13	11	9
10	2	6	11	12	7	5	9	13	4	8	15	3	16	1	14
1	15	8	4	3	13	2	5	10	14	7	11	9	6	16	12
13	11	3	14	6	4	1	7	9	16	12	5	10	2	15	8
2	12	5	16	10	9	11	15	8	1	6	4	14	3	13	7
6	7	9	10	14	12	8	16	3	13	15	2	11	4	5	1

542

1	10	8	13	2	3	15	6	5	16	11	4	12	14	9	7
15	3	11	9	7	12	10	16	2	14	13	1	5	4	8	6
14	6	4	16	13	11	8	5	12	10	7	9	1	15	2	3
12	7	5	2	9	14	1	4	3	6	8	15	11	10	13	16
10	13	7	15	1	4	11	14	16	8	5	6	2	12	3	9
11	12	9	6	3	15	13	8	4	2	10	14	7	1	16	5
3	16	2	8	10	5	6	7	13	9	1	12	14	11	15	4
4	1	14	5	16	2	9	12	11	15	3	7	13	6	10	8
16	8	13	7	12	6	4	9	1	5	15	2	10	3	14	11
2	9	12	11	14	13	5	15	10	3	4	8	6	16	7	1
5	14	1	3	11	10	7	2	6	12	9	16	15	8	4	13
6	4	15	10	8	16	3	1	7	13	14	11	9	5	12	2
9	2	10	14	4	7	16	11	8	1	12	5	3	13	6	15
7	5	3	1	6	8	12	13	15	4	2	10	16	9	11	14
13	15	16	4	5	9	2	10	14	11	6	3	8	7	1	12
8	11	6	12	15	1	14	3	9	7	16	13	4	2	5	10

543

6	4	7	3	15	10	12	1	16	9	13	11	5	14	8	2
2	10	8	9	13	11	7	6	4	3	5	14	1	15	12	16
15	1	16	13	14	5	3	8	2	12	10	6	4	11	9	7
5	11	12	14	2	4	9	16	15	8	7	1	3	10	6	13
7	2	11	12	10	13	5	14	9	1	8	15	16	4	3	6
14	3	5	16	8	9	15	2	7	6	4	12	10	13	1	11
4	15	13	8	3	6	1	11	10	5	2	16	14	9	7	12
9	6	1	10	16	12	4	7	3	14	11	13	8	2	15	5
3	14	4	2	1	8	11	12	6	15	16	5	13	7	10	9
16	8	15	5	9	3	2	13	11	7	1	10	12	6	14	4
11	12	6	1	7	14	10	4	13	2	9	8	15	16	5	3
10	13	9	7	6	15	16	5	14	4	12	3	2	1	11	8
8	16	14	11	12	7	6	10	5	13	15	2	9	3	4	1
12	5	3	6	11	2	13	9	1	10	14	4	7	8	16	15
13	7	10	15	4	1	8	3	12	16	6	9	11	5	2	14
1	9	2	4	5	16	14	15	8	11	3	7	6	12	13	10

544

3	5	2	8	10	13	14	12	15	4	16	11	1	7	6	9
15	13	6	12	4	3	2	7	10	9	1	5	11	14	16	8
7	9	16	14	6	1	15	11	12	8	3	2	10	13	5	4
4	10	11	1	5	9	16	8	7	6	14	13	2	12	15	3
1	4	15	9	2	5	3	6	14	13	8	10	16	11	7	12
6	12	8	16	7	14	11	9	4	3	5	1	13	15	10	2
14	2	10	7	1	12	8	13	9	11	15	16	6	3	4	5
5	11	13	3	16	4	10	15	2	12	7	6	9	8	1	14
12	15	7	5	8	2	4	16	1	10	11	3	14	9	13	6
8	6	3	11	13	15	12	10	5	14	4	9	7	1	2	16
2	1	14	10	9	11	7	3	6	16	13	12	5	4	8	15
13	16	9	4	14	6	1	5	8	7	2	15	3	10	12	11
9	8	4	13	12	16	6	14	11	5	10	7	15	2	3	1
11	7	1	6	3	8	13	2	16	15	12	14	4	5	9	10
10	14	5	2	15	7	9	4	3	1	6	8	12	16	11	13
16	3	12	15	11	10	5	1	13	2	9	4	8	6	14	7

545

9	7	5	16	4	11	3	8	2	10	12	13	1	14	15	6
2	14	3	10	7	13	6	5	15	9	1	11	16	8	12	4
1	4	13	12	2	15	16	10	14	6	7	8	9	3	11	5
11	8	6	15	14	12	9	1	16	4	3	5	2	7	10	13
7	3	8	9	16	5	2	12	1	15	10	14	13	4	6	11
13	15	2	14	9	8	1	6	11	16	4	3	12	10	5	7
16	5	12	4	11	14	10	13	7	2	6	9	15	1	3	8
6	1	10	11	3	4	15	7	5	8	13	12	14	2	16	9
4	6	14	13	12	10	7	2	8	3	9	16	5	11	1	15
3	16	11	7	5	1	4	15	10	12	2	6	8	9	13	14
8	12	9	5	13	16	14	3	4	11	15	1	10	6	7	2
15	10	1	2	6	9	8	11	13	14	5	7	3	16	4	12
10	13	15	1	8	6	5	4	9	7	16	2	11	12	14	3
12	9	7	6	10	2	11	16	3	13	14	15	4	5	8	1
14	11	4	3	1	7	13	9	12	5	8	10	6	15	2	16
5	2	16	8	15	3	12	14	6	1	11	4	7	13	9	10

546

14	15	4	12	1	11	3	7	8	13	16	5	2	9	6	10
7	8	9	13	4	16	10	5	11	14	6	2	1	15	3	12
1	6	10	16	14	8	2	12	9	4	3	15	13	7	11	5
3	11	5	2	15	9	6	13	10	7	12	1	14	16	8	4
11	7	6	9	12	15	16	14	5	8	2	10	3	4	1	13
10	1	12	14	2	3	11	8	4	16	13	9	6	5	7	15
2	3	8	15	13	5	7	4	1	12	14	6	16	11	10	9
16	4	13	5	10	6	9	1	3	11	15	7	8	12	2	14
13	16	7	1	11	14	4	10	6	15	5	8	12	2	9	3
15	2	11	4	6	12	8	9	16	3	1	13	5	10	14	7
12	5	3	10	7	1	13	15	2	9	4	14	11	6	16	8
6	9	14	8	16	2	5	3	7	10	11	12	4	13	15	1
4	13	1	11	3	7	15	2	14	5	9	16	10	8	12	6
5	12	16	3	9	10	1	11	15	6	8	4	7	14	13	2
9	14	2	7	8	4	12	6	13	1	10	11	15	3	5	16
8	10	15	6	5	13	14	16	12	2	7	3	9	1	4	11

547

7	15	10	1	5	6	3	2	9	14	12	4	16	13	11	8
9	5	12	11	16	15	14	8	13	2	6	3	4	10	7	1
2	4	3	16	10	7	9	13	11	1	5	8	15	14	12	6
13	8	6	14	1	4	11	12	10	16	15	7	9	3	5	2
15	2	4	10	9	11	7	3	12	8	16	5	14	6	1	13
5	11	1	13	12	8	16	14	6	15	7	9	10	2	4	3
8	6	14	7	2	5	10	15	1	4	3	13	11	12	16	9
12	16	9	3	6	13	4	1	2	10	14	11	7	15	8	5
16	14	2	4	13	9	8	6	7	5	10	1	3	11	15	12
11	3	5	9	7	16	1	10	14	12	13	15	2	8	6	4
6	1	15	8	11	14	12	5	4	3	2	16	13	9	10	7
10	13	7	12	15	3	2	4	8	11	9	6	1	5	14	16
4	10	16	2	8	12	6	7	3	9	11	14	5	1	13	15
14	9	8	5	4	2	13	11	15	7	1	12	6	16	3	10
3	7	13	15	14	1	5	9	16	6	8	10	12	4	2	11
1	12	11	6	3	10	15	16	5	13	4	2	8	7	9	14

548

8	6	16	15	12	3	13	5	11	4	9	7	10	2	14	1
14	11	4	10	15	7	1	2	6	8	13	12	5	3	9	16
12	7	9	2	11	14	10	4	1	3	5	16	8	15	6	13
3	1	13	5	9	8	6	16	2	10	14	15	7	12	11	4
2	15	7	4	3	6	16	11	5	1	8	10	9	14	13	12
16	3	12	6	5	1	2	7	14	9	11	13	4	8	15	10
11	10	5	14	13	9	15	8	4	7	12	3	6	16	1	2
1	9	8	13	4	12	14	10	16	15	2	6	3	7	5	11
6	13	2	7	1	5	8	9	12	11	3	4	14	10	16	15
9	14	3	1	16	10	4	12	7	6	15	8	13	11	2	5
10	4	11	12	2	13	3	15	9	14	16	5	1	6	8	7
5	8	15	16	6	11	7	14	10	13	1	2	12	4	3	9
15	16	14	9	7	4	11	6	8	5	10	1	2	13	12	3
13	12	10	8	14	2	9	1	3	16	7	11	15	5	4	6
7	2	6	3	8	16	5	13	15	12	4	9	11	1	10	14
4	5	1	11	10	15	12	3	13	2	6	14	16	9	7	8

549

14	3	15	12	2	6	4	16	9	5	13	10	11	1	8	7
1	10	9	6	11	12	15	13	16	7	3	8	5	4	2	14
5	13	7	11	9	14	8	3	1	2	4	6	16	12	15	10
8	4	16	2	1	5	10	7	15	14	12	11	6	9	13	3
10	1	8	13	16	7	14	5	11	9	15	2	12	6	3	4
3	6	5	15	13	10	11	4	7	12	16	14	2	8	9	1
16	12	4	9	8	2	1	15	3	6	10	13	7	11	14	5
7	2	11	14	6	3	9	12	4	8	1	5	15	13	10	16
2	9	13	4	14	16	7	11	6	10	8	3	1	15	5	12
12	8	1	3	15	13	2	6	5	16	14	7	9	10	4	11
6	5	10	16	3	4	12	9	2	15	11	1	8	14	7	13
11	15	14	7	10	1	5	8	12	13	9	4	3	16	6	2
9	14	6	1	7	11	3	10	8	4	5	16	13	2	12	15
13	7	12	8	5	15	16	14	10	11	2	9	4	3	1	6
4	16	3	5	12	9	13	2	14	1	6	15	10	7	11	8
15	11	2	10	4	8	6	1	13	3	7	12	14	5	16	9

550

16	1	15	3	8	9	12	7	10	4	6	11	5	2	13	14
14	11	7	4	2	1	10	6	5	8	12	13	9	16	3	15
8	10	6	2	11	13	5	3	16	15	14	9	12	1	7	4
9	13	5	12	16	4	15	14	1	3	7	2	6	11	8	10
13	14	3	8	10	16	1	5	9	11	4	6	15	12	2	7
2	9	12	5	7	6	13	11	15	10	8	3	14	4	1	16
6	7	10	11	4	8	2	15	12	14	16	1	13	3	9	5
15	4	1	16	9	14	3	12	13	2	5	7	10	8	11	6
4	2	16	13	6	3	8	1	7	5	9	14	11	10	15	12
3	5	9	7	15	10	16	4	11	12	1	8	2	14	6	13
1	15	8	10	14	12	11	9	2	6	13	4	16	7	5	3
12	6	11	14	5	2	7	13	3	16	15	10	1	9	4	8
11	16	4	15	1	5	9	8	14	13	3	12	7	6	10	2
10	8	14	9	13	11	6	16	4	7	2	15	3	5	12	1
7	3	2	6	12	15	14	10	8	1	11	5	4	13	16	9
5	12	13	1	3	7	4	2	6	9	10	16	8	15	14	11

모두의 스도쿠

1판 1쇄 발행   2025년 7월 21일
1판 2쇄 발행   2025년 10월 1일
—

지은이   BH브레인연구소
—

펴낸이   김봉기
출판총괄   임형준
편집   안진숙
디자인   호우인
마케팅   선민영, 조혜연, 임정재
—

펴낸곳   FIKA[피카]
주소   서울시 강남구 테헤란로 26길 14(위워크 빌딩) 5층 102호
전화   02-3476-6656
팩스   02-6203-0551
홈페이지   https://fikabook.io
이메일   book@fikabook.io
등록   2018년 7월 6일(제2018-000216호)
—

ISBN   979-11-93866-35-1 13410

피카 출판사는 독자 여러분의 아이디어와 원고 투고를 기다리고 있습니다.
책으로 펴내고 싶은 아이디어나 원고가 있으신 분은 이메일 book@fikabook.io로 보내주세요.